普通高等教育"十二五"规划教材

工业设计基础理论通用教材

设计方法学（第2版）

郑建启 李翔 编著

清华大学出版社

北京

内 容 简 介

　　《设计方法学》是一本面向高校设计类各专业本科生、研究生的专业基础课教材,也可作为专业设计人员的参考书。"授人以鱼,不如授人以渔",科学的方法是人类改造自然、进行创新的最重要手段,设计方法是设计师进行创造性活动的基本工具,掌握设计方法是进行设计的根本前提。

　　本书主要介绍创造性的思维和设计方法,分为上、下两篇。上篇是"思维篇",探讨了思维研究的意义、创造性思维的特性和形式及与设计艺术的关系、创造性思维的基本规律和设计艺术中创造性思维的训练方法等内容;下篇为"方法篇",从创造力的基本特性出发,介绍了历史上对设计方法及方法论的研究、设计艺术中形态构成的基本方法、工业设计的方法、综合的设计方法体系以及正在发展中的各种设计方法等。

图书在版编目(CIP)数据

设计方法学/郑建启,李翔编著.--2版.--北京:清华大学出版社,2012.9(2024.8重印)
(工业设计基础理论通用教材)
ISBN 978-7-302-29711-6

Ⅰ.①设… Ⅱ.①郑…②李… Ⅲ.①工业设计-方法-教材 Ⅳ.①TB47

中国版本图书馆 CIP 数据核字(2012)第 188216 号

责任编辑:冯　昕
封面设计:常雪影
责任校对:刘玉霞
责任印制:刘海龙

出版发行:清华大学出版社
　　　　网　　　址:https://www.tup.com.cn,https://www.wqxuetang.com
　　　　地　　　址:北京清华大学学研大厦 A 座　　　　　　邮　　编:100084
　　　　社 总 机:010-83470000　　　　　　　　　　　　　邮　　购:010-62786544
　　　　投稿与读者服务:010-62776969,c-service@tup.tsinghua.edu.cn
　　　　质量反馈:010-62772015,zhiliang@tup.tsinghua.edu.cn
印 装 者:北京嘉实印刷有限公司
经　　销:全国新华书店
开　　本:210mm×285mm　　　　印　张:9.25　　　　　字　　数:247 千字
版　　次:2006 年 9 月第 1 版　　2012 年 9 月第 2 版　　印　　次:2024 年 8 月第11次印刷
定　　价:39.00 元

产品编号:047160-03

　　设计是为构建有意义的秩序而付出的有意识的直觉上的努力。设计要理解用户的期望、需要、动机,理解业务、技术和行业的需求和限制,并将这些已知的东西转化为对产品的规划(或者产品本身),使得产品的形式、内容和行为变得有用、能用,令人向往,并且在经济和技术上可行。

　　设计是一种创造性的活动,它既要以事实为基础,尊重客观规律,更要突破限制,大胆想象,所以,设计活动是科学与艺术的统一,从思维层面上说,设计思维则是科学思维与艺术思维的统一。思维是人脑对客观现实概括的和间接的反映,它反映的是事物的本质和事物间规律性的联系。方法是指为获得某种东西或达到某种目的而采取的手段与行为方式。思维是人脑的思考和分析,而方法是人解决问题的行动,因此,思维是方法的原点和基础。

　　一直以来,对设计方法的研究习惯聚焦于设计理论、设计发展趋势、设计功效等方面,而忽略了对设计中创造性思维与能力的探讨,尤其是对创造的核心——创造性思维本质的研究。设计首先要解决的也应是“如何进行创造”的问题。

　　本书书名为《设计方法学》,内容却兼顾“思维”与“方法”两大问题,并由此分为上、下两篇。上篇以思维为对象,揭示了思维的本质、形式及其与设计艺术的关联,介绍了创造性思维的基本规律和种类,并根据思维的可训练性这一特征,研究了创造性思维的训练方法和策略。设计艺术思维不是单纯的形象思维和逻辑思维的结合,它是更高层次的思维,具有特殊性。本书上篇通过对人的思维、心理、感知觉等方面的大量研究,探索了设计艺术中创造性思维的一般规律、特点和发生机制,以及如何运用思维促进创造力的发挥,从而达到创新设计的目的。

　　下篇以讲授方法为主要内容。设计是科学,设计方法也是科学的方法,科学的设计方法与创造性思维是辩证统一、相辅相成的。下篇从创造力的特点及开发、现代设计方法与方法论的体系、设计艺术形态构成的方法、工业设计方法、综合性的设计方法与思想、正在发展中的新的设计方法几方面进行了介绍,采取的是从历史到未来、一般到具体的研究思路,并在工业设计方法的章节中结合编者多年来的设计实践进行了说明与介绍。

　　由于现代科技的发展、知识社会的到来、创新形态的嬗变,设计也正由专业设计师的工作向更广泛的用户参与演变,以用户为中心的、用户参与的创新设计日益受到关注,用户参与的创新模式正在逐步显现。用户需求、用户参与、以用户为中心被认为是新条件下设计创新的重要特征,用户成为创新的关键词,用户体验也被认为是知识社会环境下创新模式的核心。正是在此背景下,编者进行了此次《设计方法学》的修订。设计在发展,创新思维与方法的本质特性却不会改变,我们结合前沿理论与实践,对部分内容进行了修订及补充。适应时代及读者的需求是编者的目标,也是设计的根本目的。

编 者

2012 年 7 月

设计是人类改变原有事物,使其变化、增益、更新、发展的创造性活动。作为一种社会文化活动,一方面,它是创造性的,类似于艺术的活动;另一方面,它是理性的,类似于条理性的科学活动。因此,设计应是科学与艺术的统一。如果站在思维的层次上看,设计思维则是科学思维与艺术思维的统一。

一直以来,研究者总习惯把视线聚集在设计理论、设计发展趋势、设计功效等方面,而忽略了对设计中创造能力的探讨,尤其是对创造的核心——创造性思维本质的研究,设计首先要解决的也应是"如何进行创造"的问题。

本书立足于此,分为上、下两篇。上篇主要从思维入手,通过对思维、心理、视觉等方面的大量研究,探索艺术设计中创造性思维的一般规律,并着重分析了创造性思维的特点和发生机制,以及如何依靠思维的收敛与发散、抽象概括与具象描画、理性思考与非理性跃迁等去激发思维智能,促进创造力的发挥,从而达到创新设计的目的。艺术设计思维不是单纯的形象思维或逻辑思维,它是更高层次的思维。设计科学的本质规范了设计创造性思维的逻辑定向,而设计的造型性又要求设计思维的艺术思维定向,任何一种单独的思维方式都不能解决设计问题。上篇着重解决了四个问题:第一,给出了对思维的一个科学认识;第二,指出了艺术设计思维的核心是创造性思维;第三,分析了创造性思维与逻辑思维和形象思维之间的辩证关系;第四,提出了思维是一种技能,因此是可以训练的。

下篇以讲授方法为主要内容,注重设计思维研究的专业化程度。对于设计方法,应该认识这样一个原则:科学的设计方法与创造性思维是辩证统一、相辅相成的。科学的设计方法将有利于创造性思维的发挥,从而能提升创造能力;同时不断增长的创造能力又可促成更多方法的形成与逐渐成熟。创造性思维方法也就是创造性思维形成的方法,是创造性思维主要的、基本的和典型的形式。每个创造性思维方法都自成体系,但它们的本质属性是一致的,其区别主要是不同的创造性思维方法各自的可行性有所不同。具体创造性思维方法的运用,实际上是增强创造性思维成果的可行性。下篇先从艺术设计的基础——形态与空间开始论述,再将工业产品设计等方面,以点带面,阐述运用科学的方法增强创造性思维成果的可行性。

全书的目标是通过从整体上把握思维与思维方法,追本溯源,通过深入分析,使之达到能够为设计服务的目的。

作　者
2006 年 8 月

目录
CONTENTS

上篇 思 维 篇

下篇 方 法 篇

上篇

思维篇

第1章

概　　述

人们把智慧喻为"人类最美丽的花朵",正是因为人类拥有智慧,才成为地球的主宰者。人类智慧最集中的体现是人的思维,一个人思维能力的高低反映了他智慧能力的高低。可以说,智慧是思维过程的产物,它集中反映了人类智慧积累的科学发展史,甚至说它就是一部人类思维的发展史。人类以其特有的思维产生了科学,随着科学的发展,人类的思维本身又成为科学研究的重大课题。什么是思维? 思维科学研究的是什么? 这就是本章要讨论的内容。

1.1　思维科学研究的对象、意义

1.1.1　思维的定义

思维是一种极为复杂的心理现象,具有许多重要的属性或性质。遗憾的是,人们对于什么是思维的问题,至今还没有完全一致的看法。不仅不同门类的学者从不同学科角度出发对思维有不同的认识,而且同学科的研究者如果站在不同角度也会对思维产生不同的看法。例如,英国著名的创造学家德波诺认为"思维是为了某一目的对经验进行有意识的探究";中国有些著名心理学家、教育家则认为"思维是大脑机能对客观环境的反映","就是在社会实践中或在感觉经验的基础上产生的理性认识"。当前心理学界一般认为,思维是人脑对客观事物的概括的、间接的反应。

从字面上考察,思维中的"思"可理解为思考或想;"维"可理解为方向或序。思维就是沿着一定方向的思考,或是有一定顺序的想。通过思维,人就可以认识没有直接作用于我们的种种事物,如科学家利用高能加速器研究物质内部粒子的存在及其运动规律;通过思维,人可以将认识从感性上升到理性。列宁说:"表象不能把握整个运动,例如,它不能把握秒速度为30万千米的运动,而思维能够而且应当把握。"人有了思维,就扩大了认识的广度和深度,思维活动是人的智慧的体现。

1.1.2　思维的分类

由于人们对思维概念的理解角度不同,因而对思维的分类也不同,这就形成了不同的思维分类。

按思维的方式划分,思维可分为以下五类。

1. 直观行动思维

直观行动思维又称为动作思维,是指通过直接的动作或操作过程而进行的思维。如儿童玩积木,不是想好了再玩而是玩起来再想、边玩边想、边想边玩。发明创造过程中的一些实验、操作或制作阶段,均包含一定的动作思维。设计师在产品模型制作阶段也集中体现了设计中的直观行动思维,通过对三维模型的反复推敲,创造出更好的形式与功能。

图 1-1　形象思维(榨汁机)

2. 形象思维

形象思维是指借助于具体形象从整体上综合反映和认识客观世界而进行的思维。形象思维常表现出较高的创造性。设计中很关键的一点是要创造出与众不同的新形象,设计师需要借助形象思维丰富自己作品的想象张力,给人美的享受(图 1-1)。

3. 逻辑思维

逻辑思维又称为抽象思维,是指以概念、判断、推理的方式抽象地、从某方面条分缕析地、符号式地反映和认识客观世界而进行的思维。逻辑思维关注逻辑理性,这与设计中强调科学分析是同源的,逻辑思维与形象思维紧密结合,设计作品的功能与形式才能相得益彰,最终成为优良的设计(图 1-2)。

图 1-2　运用逻辑思维设计的多功能家具

4. 辩证思维

辩证思维是指按照辩证规律而进行的思维。辩证思维注重从矛盾性、发展性、过程性考察对象和从多样性、统一性把握对象。

5. 灵感思维

灵感思维是指凭借直觉而进行的快速的、顿悟性的思维(图 1-3)。

按思维的角度进行划分,思维可分为以下两类:

(1) 单一思维,指从一个角度、沿一定方向所进行的思维。

(2) 系统思维,指从多个角度、沿多个方向、在多个层次上进行的思维。

还有许多其他关于思维的分类,在此不逐一列出。

1.1.3　思维科学研究的对象

图 1-3　形象思维与灵感思维
（蝴蝶椅）

思维科学研究的对象是思维活动,即研究思维活动的产生和发展过程。其实,不仅思维科学研究思维,心理学、哲学、逻辑学、脑科学,甚至语言学都要研究思维,思维是多门学科研究的对象。这些学科对思维的研究,既互相联系,又有区别,各门学科对思维研究的侧重面是不同的。

哲学是研究人的世界观的科学,是自然科学、社会科学和人类社会的高度概括和总结。恩格斯说过,全部哲学,特别是近代哲学的重大的基本问题,是思维和存在的关系问题。哲学主要从两个角度研究思维:其一,把思维作为意识,研究思维与物质的关系;其二,把思维作为人类认识的高级阶段——理性认识,研究思维与感性认识的关系以及与社会实践的关系。思维研究是包含在哲学研究的范畴中进行的,但是,哲学并不研究思维的具体过程,并不能代替具体学科对思维的研究。

逻辑学(这里主要指形式逻辑学)是研究人的思维形式及其规律的科学,具体说,是研究判断、推理这些思维形式及其规律的科学。形式逻辑学研究的是思维形式,而形象思维、直觉思维、灵感思维都不在逻辑学研究范围之内。形式逻辑学研究人们正确思维必须遵循的基本规律以及逻辑的方法(如下定义、证明、反驳)。科学研究证明人的思维并非只有逻辑思维,而且人的思维过程也并非总是正确的。思维和逻辑也有一些区别。例如,逻辑总是先有前提后有结论,而思维往往是先有结论,然后寻找前提;逻辑过程总是一步步推演,中间过程要详述,而思维过程往往是跳跃式的,中间步骤常省略了许多,有时甚至连思维者自己都搞不清楚是否有中间过程;思维过程中往往以事实为依据,事实常与逻辑混淆。逻辑规律是表述和检查思维结果的规律,而不是进行思维的规律。

脑科学(包括神经生理学及其分支)主要研究思维活动的生理机制,研究思维活动的脑生理、化学、电的变化规律。毫无疑问,这些研究对于人们进一步揭露思维活动的规律和发现它的物质基础具有重要作用,但是思维作为人的高级心理过程,与脑的神经活动相比毕竟属于不同层次、不同水平的活动。研究低级运动形式的规律,对于揭露高级运动形式的规律是有帮助的(任何高级的过程都可以还原为较低级的过程),但是高级的过程不可能完全由低级的过程来加以解释。所以,脑科学对思维活动的神经生理学研究代替不了对思维的心理学研究。

语言学也研究思维,但它只是从语言与思维的关系方面来研究思维,如研究语言与思维是如何相互依存、互为条件,语言和思维有何差异等问题。它也不研究思维过程本身的规律。语言是社会历史发展过程中所形成的以词为基本单位、以语法为构造规则的、约定俗成的符号系统。语言学研究的是这种符号系统形成、演变的规律以及内容结构的规律(如语音、词汇、语法)。

思维科学的主要任务是研究人的思维活动机制,它要回答的主要问题是:人是怎样思维的?人应该如何思维?怎样思维才是科学的思维方式?思维科学是任何其他研究思维的学科代替不了的。

1.1.4　思维科学研究的意义

思维是人类智慧的集中体现,是人区别于其他动物的根本标志之一。尽管人类自古以来一直不停地研究思维,但至今所取得的实质性成果仍是极其有限的,远没有达到揭示人类思维奥秘的地步。

思维科学对思维过程及其规律的研究,从一个方面揭示了思维的本质和规律,探索了人类思维的奥秘,回答了许多重要的理论问题。

思维科学的研究成果,还可以用来训练人如何有效思维,提高人的思维能力,提高人的生存能力和加快人类文明的发展。

思维科学研究的领域广阔,前景是美好的,但是其研究也是非常困难的,有待思维科学家们持续不断地努力。

1.2　思维研究的简史

1.2.1　符兹堡学派对思维的研究

符兹堡学派是20世纪初在德国符兹堡大学心理学研究室产生的,对思维、判断和意志等高级心理过程进行实验研究的学派。该学派以屈尔佩为首,所以也称屈尔佩学派。屈尔佩是冯特的学生,1894年转任符兹堡大学教授,此后,他对冯特的一些观点的看法发生了改变。

符兹堡学派不同意冯特关于高级心理过程不能进行实验研究的论断,而是试图对人类的认知过程进行实验研究。符兹堡学派用内省法研究思维有一个重要的发现——无意向思维(imageless thinking),也就是说,在判断时,思维不能表现为感觉或意识,而是非直观的意识内容。符兹堡学派的这个研究结果与几百年来关于思维的研究是相矛盾的。符兹堡学派对思维进行了大量研究,但没有形成完整的思维理论。尽管如此,他们的工作表明研究人类思维是可能的。

1.2.2　联结主义对思维的研究

联结主义是桑代克提出的一种学习理论,也称为新联想主义。联结主义指的是问题情景与反映动作之间的联结。观念联想只有人才有,而问题情景与反映动作之间的联结则不仅人有,动物也有。

联结主义者把思维、问题解决定义为:思维者以"尝试和错误"的方式对先前存在的习惯熟悉层次的运用。思维并不是一种反映,它只是导致实用的反映层次中各个反映的排列的一系列变化。在新的问题情境中,被首先尝试他们最优秀的反映,然后尝试第二层次的反映,以此类推。马茨曼(1955)对这种观点作了如下假设:思维不是反映,但思维的结果改变习惯反映层次中习惯强度的组合。

联结主义者对动物进行实验研究,把联想的研究范围扩展到各种动物,以求把人的心理和动物的心理加以比较,这种研究方法是具有一定积极意义的。

1.2.3　格式塔学派对思维的研究

格式塔(Gestalt)学派是西方心理学中一个重要派别,诞生于1912年,主要代表人物是魏特默。格式塔学派创始于德国,后来在美国得到广泛传播和发展。

格式塔学派强调历史经验的结构性和整体性,反对把心理现象分解为元素的观点,把这样的心理学斥为"砖块灰泥的心理学"。格式塔学派主要研究直觉和思维问题,认为知觉并非感觉的相加,把所有的感觉相加并不会成为一个整体,整体不是由部分决定,整体的各个部分是由这个整体的内部结构和性质所决定的。

格式塔学派关于思维的基础思想是什么呢?他们认为动物解决问题的过程,并不是桑代克所说的"尝试和错误"的过程,而是一种突然的领悟,即"顿悟"。格式塔学派认为人和动物有一种先天的"完形"(也称"原始智慧")。我们通过感观感知的都是一些"形"或"样式",但是环境不是静止的,环境的变化产生动的模型,与此相应,活的有机体也在变,在它们的脑子内也有一种"同形",通话能与环境保持平衡。如果环境发生变化,使有机体的行为碰到了困难,或者说出现了问题,那么这个"形"上就出现了缺陷,或者缺口。但是人脑有一种先天的弥补缺陷的"完形"的能力,一旦"缺口"填补,"完形"就出现了,问题也就解决了。所以,在格式塔学派看来,问题就是"完形"上的缺口,解决问题的思维过程,就是脑中"完形"的出现。这种"完形"是先验的,并非依靠后天经验的作用。图1-4是格式塔心理学中一个著名的心理实验,自己看看会发生什么有趣的现象。

图 1-4　数数黑点的个数

格式塔学派研究并解释了创造性思维。他们不仅研究了大量科学家如爱因斯坦的创造性思维,还研究了学生解题的思维。例如,要求用六根火柴搭成四个等边三角形。很多被试者对这个问题感到困难,因为他们开始考虑问题时思路局限在平面上,如果提示一下,让他们不要在平面上打圈子,那么问题就可以解决了。魏特默认为,创造性思维与对问题中某些格式塔的顿悟有关,打破旧的格式塔并发现新的格式塔,就是创造性思维。

美国哈佛大学艺术心理学教授鲁道夫·阿恩海姆(Rudolf Anheim)将格式塔心理学应用于艺术研究中,对视觉的效能进行了系统分析,为艺术与视知觉的认识奠定了基础。这个学派认为:"视觉不是对元素的机械复制,而是对有意义的整体结构式样的把握","一切知觉中都包含着思维,一切推理中都包含着直觉,一切观测中都包含着创造"。

格式塔学派强调整体、强调结构的作用,这是有价值的,但是把整体与部分对立起来,整体似乎不依赖于部分,是具有片面性的。另外,他们发现解决问题的"顿悟"现象是一个贡献,但对格式塔的解释显然蕴有先验论的观点。

1.2.4　现代认知心理学对思维的研究

认知心理学是 20 世纪 60 年代初期,尤其是 70 年代,在美国兴起的一种新思潮。认知心理学研究人的高级心理过程,主要是认知过程,如注意、知觉、表象、记忆、思维和语言等,并强调认知过程在人的全部心理活动中的重要作用。在认知心理学家中也存在不同的观点,也各有不同的研究途径,当前从信息加工观点研究认知过程是认知心理学的主流。

认知心理学的信息加工观把人脑看成类似于计算机的信息加工系统。这是一种功能上的类比:都有信息的输入、信息的储存、信息的提取,都需要按一定的程序对信息进行加工,都是一种符号操作系统。这种理论可以用图 1-5 的模式加以形象描述。

认知心理学的思维观可以概括为如下几点:

(1) 心理学应该研究意识,研究心理内部过程。

(2) 心理过程可理解为信息的获得、信息的储存、信息的加工、信息的使用和提取。

(3) 由于信息加工能力的限制,人不可采取一切行为,必须对信息加工采取一定的方案和策略。

(4) 可以而且应当将计算机作为人的心理模型,进行计算机模拟思维。

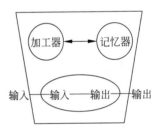

图 1-5　信息加工系统模式图

第2章
CHAPTER 2

创造性思维是艺术设计
思维的核心

在一切思维中,最重要的莫过于创造性思维。可以毫不夸张地说,如果没有创造性思维,人类可能还停留在"猿"的时代。人类的未来更是一个创造的时代,创造决定着人类的一切文明。

本章之所以要研究创造性思维,首先是因为研究创造性思维可以使设计者懂得如何更充分地发挥人脑的创造能力,开发出无尽的智力潜能。其次,通过对创造性思维的研究可以进一步了解人类的创造机制,使设计者能够富有成效地进行创造性思维,超越常规,以全新的概念从整体出发,全方位、多元化、纵横交叉地去思考造就新观念下的新创意。

2.1　创造性思维与艺术设计

艺术设计是将一些可以理解的信息,通过形象化的技术手段(如手工、计算机或其他机电设备)传达给受众,使其得到精神与物质上的享受的过程。艺术设计与广义的设计含义有所不同,它是一种特殊的艺术,有艺术的性格:它不再是单纯艺术造型角度的外观设计,也不再是技术角度的功能设计;它是对实用与美观的一种再创造,也就是说,它是将艺术物化的手段。

设计是一种造物活动,设计的本质在于创造,而创造力的产生与发挥,则必须依赖于创造性思维的发散与收敛。因此可以说,创造性思维是艺术设计的核心。设计者如果能了解创造性思维的特点、规律,将更有助于运用思维规律去激发创造的潜能,启发创造力的发挥,并创造性地由表及里、由此及彼、举一反三、触类旁通地发现问题、归纳问题、分析问题和解决问题。这是艺术设计过程的本质所在,是设计造物的灵魂所在。

以前很多人着重设计方法学的研究,而忽略了对思维本质的探讨。其实思维是一种很复杂的脑力活动。很多设计专业的学生在完成了四年的课程以后,并没有系统地思考或总结设计思维的特点、规律,没有理解思维在设计创造中的重要作用,这与我们几十年的教育模式有很大关系。实际上,中国的教育存在很多弊病,从小学到中学,都没有对学生进行过思维课程的讲授,更不要说思维训练了,遗憾的是这种情况一直持续到大学。上帝不需要思维,思维仅仅用来弥补知识上的缺陷。教育一向采取上帝式的态度:只要能增长知识,就能排除怀疑、犹豫不决等种种问题。积累知识是因为知识容易教,知识是现成的,思维则不是可以随手拈来的,但知识并不能代替思维。知识、智力和思维构成了教育中的三位一体。教人知识固然重要,但教人思维则是教育之真谛所在,只有思维才是自己的,是别人无法替代的。因此,研究思维科学,尤其是创造性思维,对从事极富创造性挑战的艺术设计工作的人具有极其现实的意义(图 2-1,图 2-2)。

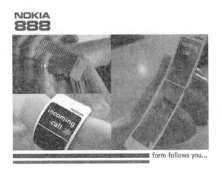

图 2-1　未来的概念手机

图 2-2　胶带架

　　设计艺术需要的是创造性思维,但许多从事设计艺术工作的人,包括一些修习这个专业的学生并没有得其要领。有的人要么不知该如何思维,要么对设计思维存在很多片面的观点,因此常常会影响其创造能力的发挥。再进一步说,人人都会思维,但不一定都是科学的思维。例如,由于长期以来的习惯使然,他们大都认为设计是形象思维的单一发挥,因此在进行设计时,往往在很大程度上依赖形象思维,并且常常简单地将形象思维等同于艺术思维。他们往往十分重视感性而忽视理性,甚至错误地认为过于逻辑化的思考会扼杀其艺术天分。因此,不是常常沉溺于不着边际的联想中,就是面对设计课题束手无策,不知从何处开始思考。这就是由于走入了思维的误区导致的不良后果。其实,形象思维并不是设计中所特有的思维形式,艺术思维应是有更高效益和更高价值的思维活动,而设计艺术思维则可看作艺术思维的外化形式,再强调一次,其实质仍是创造性思维(图 2-3)。

　　创造性思维的实质,表现为"选择"、"突破"、"重新建构"这三者关系的统一。这种"选择"是建立在科学的分析基础上的,而非盲目的选择,它的目标在于突破、创新。而问题的突破往往表现为从"逻辑的中断"到"思想上的飞跃"。设计艺术既不是单纯意义上的设计,也不是所谓的纯艺术。英国伦敦皇家美术学院工业设计系主任米沙·布莱克教授对此有精辟的论述:"设计师不应该被教育成那种首先把自己看成具有美学判断力和对人类了解的艺术家,我们不想培养对人类和美学仅有肤浅了解的工程师,或者具有浅薄的工程技术知识的艺术家,要培养一种新型的、能够像作出机械的或者生产方面的决定那样有把握地作出审美判断的工程师。"

　　对于设计方法,首先应该认识这样一个原则:设计方法应当有利于创造性思维的发挥;有利于创造能力的提升。下面的创造性思维与设计方法的内在联系图可以清楚地表明二者的关系(图 2-4)。

　　创造性思维方法即创造性思维形成的方法,是指创造主体在创造性思维活动过程中运用概念、判断、推理构成新观念系统的方法。这里的方法是指导性的方法,是由创造性思维的灵活性所决定的。创造性思维方法只是创造性思维的主要的、基本的和典型的形式。各种不同的创造性思维方法也是创造性思维规律在创造性思维形成过程中的各种不同条件下的具体体现。每个创造性思维方法都自成体系,但它们的本质属性是一致的,其区别主要是不同的创造性思维方法各自的可行性有所不同。具体创造性思维方法的运用,实际上是增强创造性思维成果的可行性。

　　创造性思维与创造方法既有联系又有区别,从整体上把握思维与思维方法,是追本溯源、深入研究艺术设计思维及方法的坚实基础。本书将在下篇中对创造方法进行详细介绍。

图 2-3　概念机车

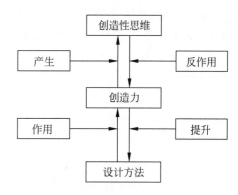

图 2-4　创造性思维与设计方法的内在联系

2.2　创造性思维概述

2.2.1　何为创造性思维

创造性思维是人的大脑所特有的属性。人类就是凭着创造性思维不断认识世界和改造世界的。因此,可以说,人类所创造的一切成果都是创造性思维的结果。人们虽然无限赞美创造出来的成果,崇拜科学家,敬仰发明者,但是对于人类自身所特有的创造性思维却知之甚少,对于创造性思维的本质、特征及其发生机制也了解甚少,连什么叫创造性思维都难以说得清楚,而且迄今尚未有一致意见。

正如第 1 章提到过的思维分类,如果按思维的结果进行划分,思维也可以分为以下两类:

(1) 再现性思维。又称为常规思维,一般是指利用已有的知识或使用现成的方案和程序进行的一种重复性思维。

(2) 创造性思维。是指思维的结果具有明显新颖性和独特性的思维。创造性思维只是按"思维结果是否具有新颖性"标准划分的一类结果,与其他标准对思维进行分类的结果之间不可能有一一对应的关系。也就是说,不能说灵感思维(按思维的方式划分)就是创造性思维,或者说逻辑思维不是创造性思维。

那么,究竟什么是创造性思维呢? 创造性思维从逻辑上讲是思维主体运用已有的思维形式组合新的思维形式的思维活动。它是反映事物本质属性和内在、外在有机联系的具有新颖性的广义模式的一种可以物化的思维心理活动。这是人类智慧最集中表现的思维活动,可以在一切领域开创新的局面,来满足人类精神与物质的需求(图 2-5～图 2-7)。

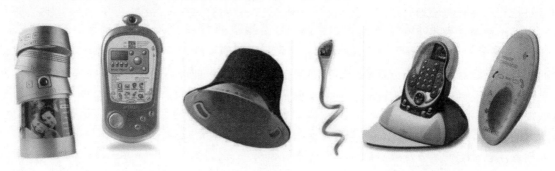

图 2-5　未来的通信工具(1)　　　图 2-6　未来的通信工具(2)　　　图 2-7　未来的通信工具(3)

从生理学的角度来看,创造性思维活动是在人的大脑中进行的一种非常复杂的生理现象。一般认为,创造性思维活动是大脑皮层在原有刺激物的作用下留下的痕迹和暂时神经联系回路的重新筛选、组合、搭配和接通,从而形成新的回路联系的过程。旧的联系和回路的简单恢复并不能组合出新的思维观念和信息;产生新的信息必须有过去从未有过的新神经回路的组合,也就是说,在人的创造性思维中各种神经细胞群以新的、过去没有联系过的方式组合起来。这是从生理方面说明创造性思维的全新性。

2.2.2 创造性思维的特点

创造性思维作为一种特殊的思维活动,有其独特的特点。

1. 独立性

创造性思维的独立性,一般表现为它不受外界因素的干扰,不受已有知识、经验的限制,不依附和屈从于任何一种旧有的或权威的思路和方法。

创造性思维的独立性又体现在其怀疑性、抗压性和自变性。所谓怀疑性,指的是创造性思维对于一些"司空见惯"、"理所当然"的事情敢于质疑。有人分析,小孩子之所以有时有较强的创造性,主要在于他们敢问问题。小孩子什么都想问、什么都要问、什么都敢问,这恰恰是许多成年人所不及的。所谓抗压性,主要体现在创造性思维力破陈规、锐意进取、勇于向旧的习惯势力挑战。创造性思维的结果一般都是以"反常性"面貌出现的,开始时很难得到一般人的赞同和支持,因而常会受到人们的干涉和外界的压力,这就形成了它的抗压性。创造性思维的自变性,主要表现在它在一定时候会自我否定,也不受自己所设框框的限制,常常会打破自我框框,并不断产生新的思想。

2. 全新性

创造性思维是人脑对事物的印象进行主观改造制作的过程。全新性是对这个改造制作成果的要求,即创造性思维得出的成果应是率先的、前所未有的,而不是在人类以往的认识内已有的;应是创新的,不是重复的。全新性有个体与整体范围的区别。对创造性思维成果的全新性要求决定了创造性思维的价值(图 2-8)。

图 2-8 未来的电动摩托车

3. 求异性

求异性是指"与别人看到同样的东西却能想出不同的事情"。创造性思维可以使一个人对于同一问题形成尽可能多的、尽可能新的、尽可能独创的、尽可能前所未有和尽可能没有遗漏的设计、方法、方案、思路和可能性等。创造性思维的求异性是通过其思维的发散性、侧向性、逆向性等不同思维方向上的思维结果而体现出来的(图 2-9)。

4. 想象性

没有想象就不会有创造,正因为有无限的想象力,人类才会有无限的创造能力。想象是其他思维形式,尤其是逻辑思维所不允许的,但创造性思维却离不开想象。美国著名的工业设计师阿瑟·帕洛斯(Arthur J Pulos)指出:"工业设计是满足人类物质需求和心理欲望的富于想象力的开发活动。"确实,没有想象力、没有强烈的创造才能和开拓解决具体问题的创造性思维,就没有超越常规的设计能力。

图 2-9　可供多人同时使用的篮球架

5. 灵感性

有人把灵感的产生视为狭义的创造,可见灵感在创造中的特殊作用。处于灵感之中的创造性思维反映人们注意力的高度集中、想象力的骤然活跃、思维的特别敏锐和情绪的异常激昂。

6. 潜在性

创造性思维的潜在性往往表现为人们非自觉的、好像是未进入认识领域的一种思维。潜在的创造性思维(或潜意识)在解决许多复杂问题时往往有重要的作用。潜在的创造性思维常常会在精神松弛时表现出来。

7. 敏锐性

创造性思维特别留心意外的现象和反常的现象,这就是敏锐性。敏锐性常使创造性思维能够透过纷繁复杂的表象抓住问题的本质,能够及时而准确地抓住机遇,促使创造成功。

图 2-10 是毕加索的艺术作品——牛头,他以其敏锐的观察视角,发掘出自行车车把、车座和牛头之间的联系。图 2-11 所示为埃舍尔以反常的思维方式创造的新奇意向。

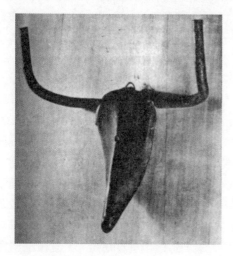

图 2-10　毕加索的艺术作品——牛头

图 2-11　埃舍尔创造的新奇意向

8. 灵活性

灵活性是对思维主体进行创造性思维活动的要求。在创造性思维过程中,虽然不能脱离人脑这一物质载体,但创造性思维可以达到一种没有任何制约的境界,这是因为在大脑中客观事物的映像不具有客观性。如质子之间在客观世界中是相互排斥的,可在大脑中可以想象为它们之间相互吸引。因此,创造者可以对事物的印象不加限制地进行这样或那样,甚至是毫无客观根据的组合。灵活性打破了形式逻辑的同一律对思维活动的限制,反映了思维活动的多样性和易变性;同时也使创造性思维呈现出高度的复杂性、随机性和潜在性(图 2-12)。

9. 可行性

由于创造性思维在形成过程中具有灵活性,在创造活动中随意组合的思维成果并不都具有认识的和实用的价值,所以这里提出的可行性是对灵活性的限制。可行性对灵活性的限制条件来源于进行思维创造的人所处的社会历史条件,即环境。现代科学幻想小说中描述的各种事物,一般在现阶段要实现是不可行的,没有实用的意义,但作为一种艺术形式存在于书本之中,反映在人们大脑里又是可行的,有一定的认识意义,这说明可行性是相对的。可行性分为两种:一种是精神方面的可行性,称为主观可行性;另一种是物质方面的可行性,称为客观可行性。如文学艺术创造一般遵循主观可行性,

图 2-12　冲破逻辑思维的束缚,
获得出人意料的效果

科学技术创造一般遵循客观可行性。可行性对创造性思维的要求需要根据各个不同学科、社会领域的具体要求来判断,可行性的满足是创造实现其价值的关键。

可行性和灵活性是对创造性思维的两种不同的要求。创造性思维的灵活性增强,则可行性可能降低;可行性增强,则灵活性可能降低。不能因为强调灵活性和全新性而忽视可行性,那样会陷入无意义的思维组合之中;也不能因可行性而抹杀灵活性和全新性,那就不再会有发明和创造了。强调灵活性,就是要说明在创造性思维中,人们的思维尽量不要受习惯思维的影响,而要充分发挥人的主观能动性,因为人脑才是真正意志自由的王国。当然,这不是要人们在实践中不遵循客观规律,而是说在遵循高层次的客观规律的基础上,改变低层次的重复思维的习惯模式。

2.3　创造性思维的方向和结果

2.3.1　创造性思维的方向

逻辑思维往往是沿着一条直线方向固定向前进行的思维,其目的常常在于寻找一个正确的答案,即它的答案常常具有单解性和正确性。与此相比,创造性思维则往往没有固定的延伸方向,它既可以是同一或相反方向上的直线思维,也可以是在平面内的二维思维,还可以是三维空间中的立体思维。

1. 发散性

思维的发散性又称为思维的扩散性或开放性,其形式是从某一点出发,既无一定方向也无一定范围地任意发散。发散性思维主张打开五官大门、张开思维之网、冲破一切禁锢,以尽量接受更多的信息。有人认为,思维的发散性是创造性思维的核心。由于一个人在思维发散的过程中除应用已有知识与记忆之外,更重要的是加入了想象因子,这就使得思路更加开阔,其答案也不会限制在

"唯一"之中,从而产生许多不同的甚至荒诞离奇的答案,即创造性设想,这些设想经常以不合逻辑和反常规的形式出现。以红砖的用途为例,一些很少利用思维发散性的人在讲到砖的用途时,只提到砖可以造房、砌墙、搭灶和铺路等。虽然有时还可能提到其他一些用途,但大多均离不开"建筑材料"一类。而一个思维发散性很好的人却可以讲出更多的用途,如可以当作锤子砸铁钉,可以作为自卫武器,可以用来压住帐篷或薄膜的边缘,可以压纸、吊线,可以当直尺用,可以叠起来当凳子坐,砸碎后还可以当画笔使,磨成粉掺进水泥也可以当红颜料用,甚至还能在上面刻出槽子后放进电热丝做成电炉等。

思维发散的另一种形式是平行发散,即多路思维。多路思维可以使人考虑问题有条不紊、周密、细致。例如,20 世纪 80 年代初,浙江定海县白泉冷冻厂对鹅的加工采取了多路思维综合处理,即先把鹅分解为鹅肉、鹅毛、鹅杂碎和鹅废物等几个"平行"的部分,然后一路路开发、一道道加工。如单是鹅毛就可再分为刁翎、窝翎、尖翎和鹅绒四条线路,以区别对待、深度加工、系统开发。结果,一只鹅的价值比以前增加了三四倍。

图 2-13 用立体思维组成的
多个三角形

人们常说的立体思维实际上也是一种思维发散性的表现。这种思维是在三维空间中考虑问题。例如,用六根火柴棒组成四个三角形(图 2-13),把十枚硬币放在三个同样大小的茶杯中,并要求每个茶杯内的硬币数均为单数等问题,不用立体思维是解决不了的。1874 年,22 岁的荷兰物理化学家范特霍夫通过研究提出了碳原子的正四面体结构学说,在思维上就是一个了不起的突破,因为当时公认所有分子结构都是平面的。又如,在美国、德国、澳大利亚的一些城市及中国重庆市的一些楼顶上,人们种植蔬菜和花卉,形成独特的"空中菜地",一些地方甚至还在屋顶上造"鱼池"养鱼。这些事物都是人们立体思维的结果。

一般认为,思维的发散性随着人们思维水平的提高和思维能力的加强常常表现出较强的丰富性、灵活性和独创性。

思维发散性的丰富性是指在同一思维方向上能够产生大量念头的一种属性,也称为思维的流畅性,它是创造能力的重要表现之一。前面所举红砖的用途一例中,仅就某一个方面(如做"建筑材料")的许多用途的列举就是其丰富性的反映。在文学创作中,人们常要选择更多的近义词表达同一种思想,以避免修辞的重复或枯燥,这就需要掌握丰富的词汇。在实际创造中,往往需要观念上的丰富性,以便产生大量的新想法。

思维发散性的灵活性是指改变思维方向的属性。如在前述红砖的用途中,红砖除了在建筑材料中有一系列的用途之外,还可以当武器、工具、颜料,乃至想到在红砖上刻出沟槽做电炉盘。可见,思维发散性的灵活性常常能使人把注意力转移到别人不易想到、比较隐蔽的方面去,因而常使创造者一鸣惊人、大获成功。美国一家专营豆饼的肥料公司多年销售不畅,货物积压满仓,后来把思维的方向由肥料转向饲料,从而开发出了新的广阔市场。

思维发散性的独创性是指产生不同于寻常新念头的思维属性。当然,思维发散性产生的念头不一定都是新的,但其组合却可能是新的,这些也属于独创性的范畴(图 2-14)。

总之,思维发散性可以使人思路活跃,思维敏捷,办法多而新颖,考虑问题周全,能够使人提出许多可供选择的方案、

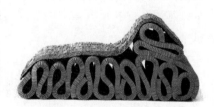

图 2-14 从履带中获取灵感而
设计的椅子

办法和建议,特别是能够使人提出一些别出心裁、一鸣惊人或完全出乎人们意料的见解,使问题奇迹般地得到解决。美国贝尔研究所创办人的雕像下面铭刻着这样的话:"有时需要离开常走的大道,潜入森林,你就肯定会发现前所未见的东西。"所以,思维的发散性在创造活动中常具有举足轻重的作用。

2. 逆向性

只做了一个月美国总统的哈里逊的逆向思维很不一般。小时候,因为怕羞,许多人把他当成傻瓜,有人常把五分的硬币和一角的硬币扔在他面前,他总是捡五分的,人们更加嘲笑他。有一次,一位妇人忍不住问他知不知道一角比五分多,哈里逊说:"如果我捡了一角的,他们就再没有兴趣向我扔钱了。"这就是一种思维的逆向。在战争中的"声东击西"、"欲擒故纵"等出奇制胜的做法,大多也与思维的逆向性有关。事实表明,逆向思维往往能够获得出其不意的效果(图 2-15)。

所谓思维逆向,是指与传统的、逻辑的或群体的思维方向完全相反的一种思维。它表现为反传统、反常规、反顺向的一种思考模式。法国大文豪莫泊桑说:"应该时时刻刻躲避那走熟了的路,去另寻一条新的。"广告大师A.莱斯在《广告攻心战略——品牌定位》一书中说:"寻求空隙,你一定要有反其道而想的能力。如果每个人都往东走,想一下,你往西走能不能找到你所要的空隙。哥伦布所使用的策略有效,对你也能发生作用。"圆珠笔是匈牙利人 20 世纪 40 年代的发明,曾经风行一时,但由于圆珠笔写字时,笔尖前的圆珠易磨损、漏油,后来就不受欢迎了。为了解决这一问题,许多人都从提高圆珠笔圆珠的耐

图 2-15　建筑师使用逆向思维设计的房屋

磨性上考虑。如有人采用不锈钢圆珠,甚至有人改用宝石做圆珠,这样笔珠的耐磨性是提高了,但笔珠对笔杆之间的磨损问题却又出来了,漏油问题仍旧无法解决。日本人中田腾三郎采用逆向性思考,把注意力转到笔芯上做文章。结果发现,一般圆珠是在写了大约 25 000 个字后才开始漏油,于是他采用减少笔芯装油量的方法,使圆珠笔在将会发生漏油时恰好油已用完,可以重新换价格便宜的笔芯再使用。这一极为简单的做法(即缩短圆珠笔芯的长度)却解决了大问题,使圆珠笔再次在全世界得到广泛应用。

广告中的思维逆向有时也能收到意想不到的效果。例如,泰国首都曼谷有一家酒吧,门口横放着一巨型酒桶,上面写着醒目的大字:"不准偷看"。许多行人十分好奇,却偏要看个究竟。于是,人们只要把头一伸进桶里,便可闻到一股清醇的芳香,同时还能见到"本店美酒与众不同,请君享用"的广告,从而招揽了不少顾客。

幽默是一种有趣可笑而又意味深长的心理状态,许多人都喜欢幽默。产生幽默的一个条件就是其事物(思想)既在人们意料之外又在平常情理之中,而思维的逆向性则较容易做到这一点,如下面这则幽默:

父:孩子,打枪的时候为什么要闭上一只眼睛?

孩子:那还不简单,要是闭上两只眼睛不就什么都看不见了吗?

要培养思维的逆向性,应该注意经常摆脱习惯的、传统的、常规的、群体的等思维的束缚,以形成自己标新立异的构思。

3. 侧向性

思维的侧向性是指思维的方向既不与一般思维方向相同,也不与之相反,而是从旁侧向外延

伸。也有人称侧向思维是"从其他离得很远的领域取得启示的思维"。这种利用"局外"信息发现和解决问题的思维途径,与人眼睛的侧视能力相类似,因此英国创造学家 E.德博诺称其为侧向思维。《诗经》中的"他山之石,可以攻玉"即是这种思维侧向性的生动写照。

思维的侧向性往往是通过横向渗透的方式,经过联想的作用而达到目的。例如,英国的邓普禄是个医生,他同轮胎的缘分就是思维的侧向性促成的。他的儿子每天在卵石路上骑自行车,那时还没有充气的内胎,因而自行车颠簸得很厉害,他一直担心儿子会受伤。一次他在花园里浇水,手里橡胶水管的弹性触发了他的灵感,于是他便用浇花草的水管制成了第一个轮胎。在创造中,侧向思维有时体现在吸取、借用某一个研究对象的概念、原理、方法及其他方面的成果,作为研究另一个研究对象的基本思想、基本方法和基本手段,从而一举成功。20 世纪 60 年代在美国新兴起的"仿生学"的思维,其根源就在于思维的侧向性(图 2-16)。

图 2-16　仿生设计的烟灰缸

创造性思维形式中的联想思维以及后面要讲到的横向思考,都包含思维的侧向性因素。当前,各门学科发展都很迅速,各门学科之间的渗透日趋加强,因而,现阶段思维的侧向性对于创造更显示出其特别突出的意义。设计者应不断拓宽自己的知识面,为设计中进行侧向思维打好基础。

2.4　创造性思维的主要形式

既然创造性思维是能产生新颖性思维结果的思维,那么创造性思维的形式就不可能只限于一种,相反,也不能简单认定同一种思维形式只形成或不可能形成创造性思维。例如,创造性思维既可由联想思维的形式形成,也可由灵感思维的形式形成,反之,联想思维和灵感思维所产生的结果也并不全部都是新颖的,因而它们也并不全都是创造性思维。例如,看到天上飞的鸟后想到蝴蝶也能飞,这种联想就没有什么创造性。

所以,并不是说创造性思维只能由哪一种思维形式产生,或是说有哪一种思维形式完全不可能产生创造性思维。因此,本书只介绍经常形成创造性思维的最一般的思维形式。

2.4.1　直观思维形式

数学家阿普顿刚到爱迪生的研究所时,爱迪生想考察他的能力,于是给了他一只实验用的灯泡,让他求灯泡的容积。一小时后,爱迪生去检查,发现阿普顿正忙着测量计算。爱迪生说:"要是我,就往灯泡里灌水,然后将水倒入量杯,就知道灯泡的容积了。"阿普顿的计算才能(逻辑思维能力)无疑是令人钦佩的,然而在这个问题上他所缺少的恰恰是像爱迪生那样的直观思维能力。

直观思维就是人们不经过逐步分析而迅速对问题的答案作出合理的猜测、设想或顿悟的一种跃进式思维。从爱迪生的实例可以知道,直观思维是着眼于宏观地把注意力放在事物整体上的一种思维,它与逻辑思维微观地把注意力放在事物的各个部分上是很不相同的。

直观思维有利于人们从一些偶然的事件中抓住问题的实质。例如,古希腊著名科学家阿基米德在澡盆里沐浴时,看到身体入水后水面位置上升并缓缓向外溢出的现象,通过直观思维想到了揭穿"皇冠之谜"的方法,并继而深入到问题的实质,发现了著名的浮力定律(图 2-17)。从哲学上说,偶然的现象是难以预料的,因而也是难以用逻辑思维解释和判断的,但直观思维却可发挥作用,其结果常常产生突破,形成飞跃,导致创造。

图 2-17　阿基米德洗澡时发现浮力定律

日本创造学家新崎盛纪把直观思维对应于人类的第一信号系统,认为它是建立在人类直观感觉上、通过人的感觉(视觉、听觉、触觉等)而进行的一种思维活动;他把逻辑思维对应于人类的第二信号系统,认为它是建立在人类理性认识(概念、判断及推理等)基础上的思维。简而言之,他认为依靠语言进行的思维是逻辑思维,不依靠语言进行的思维则是直观思维。这种简单地一一对应、简单地认为人类思维发展的形式只是一次性地从具体到抽象、从直观到逻辑的看法尚待进一步研究。

直观思维虽然利用了人们的感性认识(如感觉、知觉、表象等),但它并没有停留在这一步上,而是很快发展为超越其逻辑思维形式的更高层面上的思维。它犹如人类的"感性—理性—感性"反复认识中的后一个感性认识阶段,从表面看,同是感性认识,但二者的层次和实质是不同的。直观思维在表面上是不经过逐步分析就可以迅速找到问题的症结。其实,在"迅速"中已经包含了一系列"感性—理性(逻辑)—感性"的思维过程。因此,其结果虽然仍以直观的形式表现出来,但在实际上它完全可能是已在头脑中进行了逻辑程序的高度简缩,并迅速地越过了"理性阶段",只不过是整个思维难以用语言表述而已。因此,直观思维来源于感性认识,但它又高于感性认识,绝不是与第一信号系统的简单对应。这是因为,至少普遍具有第一信号系统的高等动物目前还很难说都具有直观思维的本领(图 2-18～图 2-20)。

图 2-18　开瓶器

图 2-19　椅子

图 2-20　牙刷架

由上可知,直观思维是一种重要的创造性思维形式。直观思维虽然能在创造活动中起很大作用,但由于它是一种跃进式思维,其整个思维过程在极短时间内完成,以致难以用逻辑思维语言逐步加以分析和表述。因此,直观思维往往带有一定的局限性和虚假性,因而经常会导致一些错误结论。

2.4.2 联想思维形式

联想是想象思维的一种形式。联想能够克服两个不同概念在意义上的差距,并在另一种意义上将二者联结起来,由此常产生一些新颖的思想。因此,联想思维是创造性思维的重要表现形式之一。

联想思维是人们因一件事物的触发而联想到另一事物的思维,人们把前一事物称为刺激物或触发物,后一事物称为联想物。根据联想物与触发物之间的关系,联想思维可划分为相似联想、相关联想、对比联想、因果联想和接近联想几种形式。

1. 相似联想

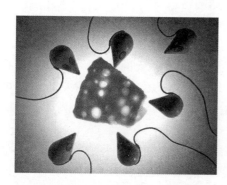

图 2-21　罗技鼠标——相似联想

相似联想是指由一个事物的外部构造、形状或某种状态与另一事物的类同、近似而引发的想象延伸和连接(图 2-21)。美国的 S. 马柯米克有一次在理发时看到理发推子的动作,立刻与正在思考中的收割机方案联系起来,产生相似联想,从而利用理发推子动作原理成功开发出新型的收割机。再如"新月似银钩,弯弯挂客愁"就是因相似联想找到了月与银钩在外形和色彩上的近似,而巧妙地用"挂"字引为游子无限乡愁的寄托。相似联想在产品设计中主要表现在仿形创造,如仿天鹅形体的游船、仿动物形体的电话机等。

2. 相关联想

相关联想是指联想物和触发物之间存在一种或多种相同而又具有极为明显属性的联想。例如,看到鸟想到飞机(都能飞),看到电灯想到日光灯、手电筒(都具有发光性)等。

3. 对比联想

对比联想是指联想物和触发物之间具有相反性质的联想。例如,看到白颜色想到黑颜色,看到小的物体想到大的物体等。在传统观念中,玩具的对象一般都是孩子,国外有人通过对比联想专门开发成人玩具,收到了非凡的效果。与对比联想直接相关的创造原理是逆反原理。如"吸烟有害",逆反思维可能使我们想到:吸烟对人身体中的病菌是否也有害从而在某种意义上有益健康呢?

4. 因果联想

因果联想源于人们对事物发展变化结果的经验性判断和想象,触发物和联想物之间存在一定因果关系。如看到蚕蛹就想到飞蛾,看到鸡蛋就想到小鸡,看到彤云密布想到马上就要下雪等,显然,因果联想具有某些逻辑思维形式的色彩。

5. 接近联想

接近联想是指联想物和触发物之间存在很大关联或关系极为密切的联想。例如,看到学生想到教室、实验室及课本、书桌等相关事物。

心理学研究表明,对于任何两个似乎毫不相干的概念,一般最多只需要经过 4～5 步的联想即可将其建立起联系。例如,"木质"与"皮球"这两个离得很远的概念,可以联想为:木质—树林、树林—田野、田野—足球场、足球场—皮球(图 2-22)。事实上,上述"木质—皮球"联想之所以能够通过四步联想达到,是因为该联想的最后一环"皮球"是作为这个联想程序的终点而预先给定的。这种有事先给定"目的"的联想称为定向联想。定向联想在创造发明中具有特殊重要的意义。这是因为,创造发明活动总是有目的性的活动,它常常要通过带有目的性的联想作为通道而达到目的。当

图 2-22 接近联想

然,对于创造性思维的本身而言,它更加提倡的是思想奔放、毫无拘束地自由联想。这样的自由联想可通过相似、对比或接近联想形式的多次重复交叉而形成一系列"连锁网络"(如举一反三、闻一知十以及触类旁通等),从而产生大量创造性设想。接近联想实际正是发散性思维的一种具体表现。

进行联想要有打破砂锅问到底的精神,联想的范围越广、深度越大,对创造活动就越有益。例如,通过落地电扇具有可调节升降性能的联想而发明了升降篮球架(图 2-23),由伞的开合性的联想发明了节能窗户。事实上,古往今来,人类一直是在无意或有意地通过各种联想而不断从自然界中获得启迪,从而创造了无数工具或方法,为自身生存和发展创造了条件。正如日本创造学家高桥浩所说:联想是打开沉睡在头脑深处记忆的最简便和最适宜的钥匙。

当然,联想能力的大小首先决定于一个人的知识积累和经验丰富的程度,一般来说,知识越多、见识越广的人联想的可能性也越大。例如,一个生长在海边的人就经常会对大海产生联想,而一个出生在大平原、从未见过高山的人,一般与"山"的联想就会很少或者没有。据说,古代有个穷人一生中吃过的最好东西是芝麻饼,于是他告诉别人说,如果当上皇帝,他就天天吃芝麻饼,由此足见知识和经验对于人们联想能力的局限。这里提出一种"无边界阅读"的建议,即不局限于本专业的书籍,而是跨专业、跨学科、多方面吸纳信息,这对从事设计的人扩大思路大有裨益。

联想能力的大小同时还与一个人是否具备良好思考问题的习惯有关,即与一个人是否肯"开动脑筋"有关。有的人虽然见多识广,然而他却不愿多动脑筋,因而他不善于联想,整天无所事事,很难进入创造境界。因此,养成良好的"想"问题的习惯,是培

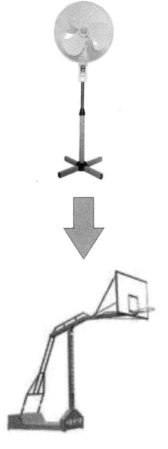

图 2-23 升降篮球架

养联想能力、提高创造能力的一个重要措施。

2.4.3 幻想思维形式

幻想是想象思维的又一种形式。所谓幻想,一般是指与某种愿望相结合并指向未来的一种想象。由于幻想在人们的创造性活动中具有重要作用,所以创造学允许并鼓励人们对于事物进行各种各样的幻想。苏联就为学生专门开设过"幻想课",其目的是引导和培养学生进行各种形式的幻想,以提高学生的创造才能。

1. 幻想的重要性

幻想因其暂时脱离现实而常不被人们所重视,很多人甚至把"幻想"作为贬义词而将其打入另册。从创造学来看,这是不公正的。幻想是一种极其可贵的品质。艺术设计师有时候被称为"职业想象家"。市场上的胜利者往往不是新技术的发明者和新材料的制造者,而是能够想出千百种方法使用这种新技术和新材料的想象家。美国设计师盖茨就以其新颖独特的创作屡次产生轰动效应,他于1937年完成的"未来城市"的设计成为1939年在纽约举办的"未来世界"博览会上最为璀璨夺目的亮点,他也是世界上第一个以艺术设计观念获得专利的人。大量事实表明,幻想可以使人产生创造的欲望,激发人们的上进心,指出人们进取的方向,鼓励人们奋发向前,为人类作出贡献。古人的无数幻想(如"上天入地"、"千里眼"、"顺风耳"等),经过人类的世世代代努力和奋斗,有很多已经变成或正在变成客观现实。因此,创造学认为,幻想思维可直接导致创造活动,很多创造活动均离不开幻想。弗洛伊德说过:"每一个人在心灵上都是一个诗人。"但是,随着成长过程中思维模式受到种种禁锢,成人大都失去了像孩子般做"白日梦"的能力。

2. 幻想的特点

幻想思维的突出特点即是它的"脱离现实性"。幻想是人们从美好目的(希望点)出发而进行的与现实相脱离的一种想象,因而难免会受到诸如"不切实际"、"毫无根据"、"胡思乱想"等诘难,而妨碍了幻想思维的发挥。这点在国内表现得尤为突出。当好莱坞已经将《星球大战》、《未来战士》、《侏罗纪公园》演绎得如火如荼时,我们能拿出来的仅仅是一部幼稚的《霹雳贝贝》。儒勒·凡尔纳的《海底两万里》、《从地球到月球》、《环游地球八十天》,在当时的人们眼中几乎是天方夜谭,可今天,这一切都真真切切地发生在我们周围。

正因为幻想具有"脱离实际"的特点,所以幻想思维可以在人脑中纵横驰骋,它可以在没有现实干扰的理想状态下向任意方向发散,从而构成创造性思维的重要组成部分。与幻想思维最为接近的是空想或无稽之谈。日本创造学家高桥浩认为,空想是人们思想的宝库,他认为天才的一大特点是空想思维发达。他在《怎样进行创造性思维》一书中写道:"不论是天才还是凡人,他们同样都有着空想力和以现实的道理思考问题的能力,不过,凡人只能以现实的道理去思考问题,因而他们的空想力便逐渐萎缩。反之,天才却乐于运用空想力,在他思考事物时首先求之于空想。"天才人物能"在遥远的空想彼岸抓住启示,然后再返回现实中来,所以他的思想的飞跃度高"。高桥浩认为这是一种运用空想的天才思考法(图2-24)。

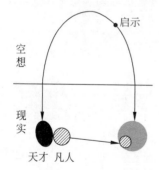

图 2-24 天才与凡人的思考差别
(来自日本创造学家高桥浩)

幻想越是大胆,它可能包含的错误也越多,不过这并没有什么关系,只要从幻想的天空回到现实的大地上加以检验,错误就会被发现和修正,正确就会被充实和发展。据报载,美国有一位心理学家曾根据幻想思维的作用筹办了一家"幻想公司",其主要业务是把在顾客看来一些荒诞的、不着边际的幻想变成现实。再看国外的艺术家们用写实的手法在建筑物的墙面上绘上装饰图案,由于故意营造趣味的效果,就像在跟路过的行人开玩笑,给人出其不意、新鲜奇妙的精神愉悦(图2-25)。

图 2-25　国外建筑外墙上的装饰绘画

图 2-26　卷纸支架

　　总之,幻想这种从现实出发而又超越现实的思维活动,可使人思路开阔、思想奔放,因此它在创造中的作用是明显的,尤其是在创造的初期更需要各种各样的幻想。艺术设计的价值在于创造,吸引人的关键是它可以创造出崭新的形式,激励和满足人们的需要,而这种新形式的产生往往是以勇敢的奇异思想作为开路先锋的。德国学者莱辛说:“缺乏幻想的学者只能是一个好的流动图书馆和活的参考书,他只会掌握知识但不会创造。”法国学者狄德罗说得更实际:“没有幻想,一个人既不能成为诗人,也不能成为哲学家、有机智的人、有理性的生物,他也就不成其为人。”(图2-26)

2.4.4　灵感思维形式

　　灵感思维是创造性思维的又一种表现形式。灵感思维是人们的创造活动达到高潮后出现的一种最富有创造性的飞跃思维。灵感思维常常以“一闪念”的形式出现,并往往使人们的创造活动进入到一个质的转折点。大量研究表明,灵感思维是由人们的潜意识思维与显意识思维多次叠加而形成的,是人们进行长期创造性思维活动达到的一个突破阶段,很多创造性成果都是通过灵感形式而最后完成的。所以,有人把灵感的到来看作狭义的“创造”,是有一定道理的(图2-27～图2-29)。

1. 灵感思维的主要性质

　　(1)引发的随机性。所谓灵感思维引发的随机性,是指灵感既不会像具有必然性的逻辑思维那样可以有意识地导出,也不会如同想象思维那样有可能自觉进行思索,而是由创造者事先完全想不到的原因而诱发产生的一种思维。究竟是什么东西又怎样引起了人们的灵感,目前的研究尚难以说得清楚。但可以肯定的是,不同人的灵感往往是在不同的情况下产生的,甚至同一个人的灵感也会在不同的条件下出现。于是,灵感就显得难以预料和捉摸,甚至连创造者本人也根本不可能自觉意识到在何时何地会产生什么样的灵感。这些就是灵感的随机性(或者叫偶然性)。例如,爱因斯坦有一次在朋友家饭桌旁与主人讨论问题,忽然间来了灵感,他便立即拿起笔并在衣袋里摸纸,可是没有摸着,于是竟迫不及待地在新桌布上写起公式来。灵感出现的这种随机性往往给灵感思维抹上了一层神秘的色彩,因而使得人们在研究它时常常错误地陷入到不可知论中。

图 2-27　可做 U 盘使用的手表　　　　图 2-28　用来夹碎核桃的工具　　　图 2-29　双手操控的手机

（2）出现的瞬时性。灵感往往是以"一闪念"的形式出现的，它常常瞬息即逝。宋代苏轼"作诗火急追亡逋,情景一失永难摹"的诗句,即是对灵感瞬时性的生动写照。因此,灵感一旦出现,就要立即抓住。其中爱因斯坦迫不及待地在朋友家新桌布上记下公式,就是在及时捕捉灵感。不少大学生反映,他们对灵感的瞬时性了解甚少,因而当灵感到来之际仍然听之任之、无动于衷,没有采取任何有效方法捕获灵感,致使事后头脑里依旧空空如也,这是值得惋惜的。英国著名女作家艾米丽·勃朗特年轻时经常在厨房里劳动,她每次都带着纸和笔,随时准备把脑海中涌现出来的思想(灵感)写下来。据说约翰·施特劳斯的世界名曲《蓝色多瑙河》,就是灵感到来之际作者匆匆写在衬衣袖口上的。因此,随身携带笔和小本子,是捕捉灵感的普遍使用的好方法。

（3）目标的专一性(专注性)。任何灵感都是针对某一问题或某个方面产生的,这就是灵感的专一性。同一个灵感不可能解决多方面的问题,多方面的问题也不能指望凭借出现一次灵感而得到解决。当然,专一的灵感必然来自以前对于某一专门问题的充分考虑与过量思考。

（4）结果的新颖性(独创性)。这是灵感思维作为创造性思维形式的关键之处。然而,并不是所有的灵感都能够产生新颖性的成果,所以,并不是所有的灵感思维都属于创造性思维。那些不能产生新颖性成果的所谓"一闪念",就不属于创造性思维范畴。钱学森在《关于形象思维问题的一封信》中对灵感思维给予了很高评价:"光靠形象思维和抽象思维不能创造,不能突破,要创造突破,得有灵感。"古往今来的重大科学发现、技术发明和杰出的文艺创作,无不与灵感的新颖性(或独创性)有关。诗人、文学家的"神来之笔"、军事指挥家的"出奇制胜"、思想战略家的"豁然贯通"、科学家和发明家的"茅塞顿开"等,都充分体现了灵感的新颖性。

（5）内容的模糊性。许多科学家似乎共同发现,灵感往往出现在人们醒与睡之间的一种中间状态,或出现于显意识与潜意识的交叉过渡之中,这便决定了灵感思维的模糊性。所谓灵感的模糊性,是指灵感所产生的新线索、新结论、新成果往往并不很清晰,尚待进一步予以清理。因此,灵感产生后还需要对其进行认真思索和逻辑思考,才能得出明确的成果,这是创造过程中极为重要的一环。例如,德国化学家凯库勒在半醒状态中产生的灵感,仅仅是发现苯(C_6H_6)的分子结构式呈环状,后来经过多次修正,才把模糊的结果上升为清晰的结构图。

2. 灵感思维的普遍存在

灵感是创造性思维由量变发展到质变的一个飞跃(突变关节点)。根据质量互变规律,量变发展到一定程度必然要引起质变,因此,只要能在创造中做到"冥思苦想"、"过量思考",那么灵感就会在人的头脑中出现。可见,灵感的普遍存在是有一定理论根据的。

事实表明,除天才和学者以外,一般人的头脑中也常常会出现灵感。例如,人们常听别人说:"我突然想到了……","我灵机一动……","我急中生智……",这些都与灵感思维活动有关。据作者了解,大学生中自己能讲出得到灵感的人占 20%左右,这些灵感主要出现在解决各种难题、处理日常事务以及一些小发明、小创造的过程中。由于很多大学生从来未曾认真思考过自己的过去,也从未认真记录过灵感的出现和内容,因此真实的情况可能还远远不止这些。但上述情况已足以表明,灵感思维绝不仅仅是某些天才科学家、发明家们所独有的。一般人只要科学地进行创造力开发和创造性思维活动,大多数人都可不同程度地产生各种形式的灵感和灵感思维的"火花"。

3. 灵感产生的条件和过程

虽然当前人们对灵感思维的本质了解得尚不够充分,但对于灵感产生的过程还是做了若干研究。目前,一般认为灵感产生的条件和过程大致有如下几步:

(1)头脑中要有一个待解决的中心问题。这是由灵感的专一性决定的,它是产生灵感的前提。很明显,一个在头脑中并无需要解决问题的人,绝不会产生有关解决问题的灵感。因此,灵感与要解决的问题有直接的关系。

(2)要有足够的知识储备或观察资料(信息资料)积累。这是产生灵感的另一个重要条件。例如,一个不懂文学的人决不会出现写诗的灵感;一个毫无地质知识的人也不会出现解决地质问题的灵感。究其原因,主要在于他们不具备有关知识和资料。所以,灵感思维是以一定的知识积累或经验为先决条件的。

(3)对于渴望解决的中心问题要反复、艰苦、长时间地思考,即要进行超出常规的过量思考。这种过量思考是有意识的,在这种有意识的思考中也包含许多无意识(潜意识)的成分,于是过量思考就是促使灵感到来的必经阶段。人们对于处在这个阶段的创造者往往很不理解,他们常被人们视为"精神失常者"、"疯子"、"狂人"等,如陈景润走路撞电线杆,安培在马路上把黑色马车车厢当作黑板解题引起路人的哄笑,爱迪生走进税务局缴税时一时竟答不出自己的名字,都生动地说明了处于这一阶段的科学家的过量思考情形。难怪在美国的一次民意测验中,有 40%的人认为科学家是一群"怪里怪气的人"。到了这一阶段,创造者头脑中的问题已经达到挥之不去、驱之不散的程度,有的思想逐渐转化为潜意识。然而尽管这样,有时问题还是得不到解决,在思考达到饱和之后,人的思路常常陷入僵局状态。

(4)搁置。人们在进行过量思考、思路陷入僵局状态后,可把要解决的问题暂时放放,使大脑放松,也可从事一些其他性质的工作,或者玩玩,散散步,改换一下环境,缓冲紧张思考,使大脑不再受压抑,以促使头脑中的潜意识积极活动。在搁置阶段,头脑中已形成的潜意识信息一旦遇到相关的刺激,常会自然地产生"一闪念"(或顿悟)。

(5)灵感的产生。人脑的"一闪念"(或顿悟)一旦形成,即表示灵感已经到来。这时的关键是要及时抓住灵感,并通过自觉的思维活动对这一突然的"一闪念"进行鉴别,只有对有用的灵感进行有意识的强化并使之清晰以后,灵感才能在创造中起重要作用。这一阶段,往往需要及时将灵感记录下来,否则,稍有放松,灵感就会从脑海中消逝。

当然,灵感的产生并非都要经过上述几个过程。例如,有时不需经过"搁置"阶段就可通过追捕"热线"而直接产生灵感。所谓"热线",就是由显意识孕育成熟的并可与潜意识相沟通的主要思路。"热线"在大脑中的形成,是信息量的积累达到质的突破的结果,大脑中的"热线"一旦闪现,就要尽快追捕,不能中断,迅速将思维活动推向高潮并向纵深发展,之后就会妙思泉涌而产生灵感。再如,有些诗人的诗兴一来,随即挥笔疾书,甚至连把斜放的稿纸扶正的时间都没有。物理学家爱因斯坦也曾描述过直觉产生的机理过程(图2-30)。

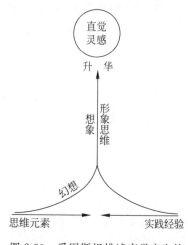

图2-30　爱因斯坦描述直觉产生的机理过程

4. 诱发灵感的基本形式

当经过了过量思考仍无法取得突破性进展时,为了得到灵感,也可以在关键时刻主动地诱发灵感,以有效地进行创造。诱发灵感的基本形式大致有如下几种:

(1) 联想式。当人的思维发展到前述第三阶段以后,在久思不得结果的情况下,很可能会因为某一偶然事件的刺激顿时产生各种联想,从而使问题豁然开朗、迎刃而解。例如,人们早已知道,为了保证内燃机的有效工作,必须使油与空气均匀混合之后再进行燃烧。但是,油与空气如何才能均匀混合呢? 美国工程师杜里埃曾为此大伤脑筋,考虑很久也未能解决。1891年的一天,他偶然看到妻子向头上喷洒香水,顿时便从这个简单的化妆器联想到油的气化而突发灵感,从而试制成功了内燃机的汽化器。因此,要产生灵感,就应当特别注意周围事物的微细变化,即使是毫不相干的信息也不要轻易放过。

(2) 触发式。触发式是指人在受到某种刺激,特别是与别人展开讨论或争论并受到别人想法的激励时直接迸发出灵感的一种诱发灵感的形式。因此设计时,并不能只在自己的专业内转,要多与其他专业的人聊聊,广泛涉猎其他学科的书籍,都能使我们转换思维的角度,从而诱发灵感。

(3) 省悟式。这种灵感诱发形式的产生不需要借助外界"触媒"的刺激,而是通过头脑中内在的省悟和内部"思想的闪光"。例如,爱因斯坦从1895年起就开始思考"如果我以光速追踪一条光线,我会看到什么?"他反复思考这个问题,但多年一直没有解决。1905年的一天早晨,他起床时突然想到:对于一个观察者来说,以光速追踪一条光线是同时的两个事件,而对于别的观察者来说就不一定是同时的。他很快地意识到这是个突破口,并牢牢地抓住了这一"思想闪光",之后仅用了五六个星期的时间便写成了提出狭义相对论的著名论文。

当然,上述情况只是灵感产生的一般情况,具体灵感的产生过程并非千篇一律,而是因人而异。例如,法国物理学家皮埃尔·居里认为在森林中容易产生激情;费米喜欢躺在寂静的草地上想问题;汤川秀树习惯于夜间躺在床上思考;法国数学家阿马达则常在喧哗声中产生灵感;剧作家贝克认为产生灵感最理想的时刻是躺在澡盆中的时候,而亥姆霍兹却认为是一大早或天气晴朗登山的时候,著名物理学家杨振宁则认为是在早晨起床后刷牙的时候。此外,还有人认为在酒意冲击下会产生灵感,法国军队音乐家德利尔就是这样写出了著名的《马赛曲》;李白更有"斗酒诗百篇"的豪兴……可见,每个人应当根据自己的具体情况和习惯,找出其诱发灵感的最佳方式和最好时机,从而更好地进行创造。许多创造者均有意无意地利用了这一点,大发明家爱迪生就有白天坐在椅子上打盹的习惯,据说许多好念头——灵感就是这样产生的。

应该指出,虽然灵感在创造中具有决定性作用,但这并不意味着灵感都是正确的,只要抓住它就可取得创造性成果。其实,无价值的灵感远比成功的灵感多得多,只不过人们事后忆及的往往是一些成功的例子而已。

灵感尽管是人们所向往、所追求的目标,但是灵感的到来却是很不容易的,它需要经过大量的、艰苦的劳动和思索。爱迪生认为"天才就是百分之一的灵感加上百分之九十九的汗水"是有道理的。要想得到百分之一的灵感,就必须先付出百分之九十九的汗水。机遇只光顾有准备的头脑,灵感到来的那一瞬间蓦然所得,正是对于创造者艰辛的过量思考的回报和奖赏。

总之,灵感的闪现虽然扑朔迷离,犹如幽灵难以具体捉摸,但是灵感并不神秘,灵感也是可控制的一种思维活动。东京大学名誉教授宫城音弥就"没有努力思考就没有灵感"问题说:"无论在灵感出现之前还是之后,都需要有意识性的活动。完全脱离意志性的意识活动的灵感,只能在精神病患者身上出现。"钱学森对此亦作了精辟论述:"……一点是肯定的,人不求灵感,灵感也不会来,得灵感的人总是要经过一长段其他两种思维的苦苦思索来做其准备的。所以灵感还是人自己可以控制的大脑活动,是一种思维。"(图 2-31～图 2-35)

图 2-31　手机

图 2-32　通信工具

图 2-33　水果架

图 2-34　油壶

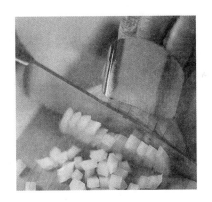
图 2-35　切刀

2.5　几种思维形式的辩证关系

2.5.1　形象思维与抽象思维的辩证统一

形象思维和抽象思维是依据在思考问题过程中所运用的"思维元素"表达形式不同而对思维进行划分的。创造性思维是形象思维和抽象思维的辩证统一。

顾名思义,所谓形象思维,就是运用"形象"来思考问题的一种思维方式。这里的"形象",包括实物映像、图形、符号、模型、形体等不同形式。例如,在设计一个产品时,设计者在头脑中浮现出该产品的形状、颜色等外部特征,以及在头脑中将想象中的产品进行分解、组装等思维活动,就属于形象思维。形象思维的特点在于比较直观、生动,且易于理解。

在设计创新活动中,形象思维更是必要的。设计师在构思新产品时,无论是对新产品的外形设计,还是内部结构设计以及工作原理设计,形象思维都起着不可忽视的作用。运用形象思维,可以激发人们的想象力和联想、类比能力。

抽象思维是以抽象的概念和推论为形式的思维方式,任何概念都是抽象的结果,概念反映的是一类事物或现象的共同属性或本质。例如,"电脑"的概念反映了各种型号的电子计算机在替代人脑进行计算、模拟和信息处理方面的共同特征。概念的外在表现方式是"语同",例如,质量、能量、控制、速度等术语就是科学概念。掌握概念是进行抽象思维的最基本的手段。

与形象思维比较,抽象思维不太直观。因为作为抽象思维基本形式的概念已经摒弃了该概念所反映的事物、现象或动作的具体形态、过程或它们存在的具体情境。也正因为如此,抽象思维所包括或涵盖的内容更为丰富多样,而且更便于进行联想、发散、重组等思维操作,使思路更开阔,从而得到在现实情况下难以发现的新现象,把握事物的本质和发展趋势。例如,早在 17 世纪初,伽利略就运用抽象思维先于牛顿发现了物体运动的惯性规律。为了研究物体下落的运动规律,伽利略进行了有名的斜面小球实验。他发现,当一个小球沿斜面从一定高度下落时,到达斜面底部后并不马上停下来。如果让它滚向另一斜面,只有当它到达差不多与其下落高度相等时,小球的运动才停止。下落高度与上升高度之差取决于小球的圆度和它同斜面的摩擦力。小球滚上斜面走过的距离则与斜面的坡度有关,斜面坡度越小,小球滚的距离越长。伽利略在这个现实实验的基础上,运用抽象思维设想:如果把小球做成绝对的圆,小球下落之后不是滚上一个斜面,而是一个绝对水平的平面,且小球同平面没有任何摩擦力,也不受其他阻力的影响,那么小球就将一直运动下去,显然如此苛刻的实验条件在现实中是难以做到的,但运用头脑的抽象思维却很容易做到。由此,伽利略发现了物体运动的惯性定律。在这个例子中,圆球、平面等概念已经不是具体的圆木球、圆铁球等,平面也不是平的马路、木板等具体的形象了,而是一种抽象的思维产物。

艺术上的抽象是相对于具象而言的,它不等同于哲学意义上的抽象。这种抽象思维还是依赖于"形",只是这个"形"不表达具体的形,而是显示更深刻的思维活动的"意象",是超脱自然形态的人为形态。这个"形"如同音乐中的音符,可以传达抽象性的"概念"。这种"抽象"表现为一种传达的"符号",它并不是"纯粹"的形态,而是含有比具象更为复杂的意念。

形象思维和抽象思维作为人类理性思维认识中的两种不同方法,虽然所运用的"思维元素"在表达方式上存在差异,但它们都是在感性认识的基础上开始的,都可以认识事物的本质,而且在大多数情况下,二者常常是相互渗透、交互作用的。任何一种方法的独立性都是相对的,在一种思维方法发挥作用时,就有另一种思维方法相助。现代脑科学的研究证明,形象思维一般属于右脑的功能,抽象思维则属于左脑的功能。正常人脑的左右脑之间是由胼胝体连接在一起的。通过胼胝体,人的左右脑之间产生复杂的交互作用和影响,形成两种不同思维方式相互渗透的生理基础。对于形象思维来说,它不存在固定不变的逻辑通道,这是创新的有利条件。然而正因为这种无常规性,也使单纯的形象思维容易出现谬误。对于抽象思维来说,它较为严密,但在灵活性和新奇性方面则相对较差。因此,在实际创新过程中,应该把二者很好地结合起来,以发挥各自的优势,互相补充、相辅相成,创造出更多成果。

2.5.2   发散思维与集中思维的辩证统一

发散思维与集中思维是美国著名心理学家吉尔福特最早提出的区分不同思维方式的两种类

型。创造性思维是发散思维与集中思维的恰当运用和辩证统一。

1. 发散思维

发散思维(divergent thinking)又称辐射思维、求异思维或分殊思维。它是指思维者根据问题提供的信息,不依常规,而是沿着不同的方向和角度,从多方面寻求问题的各种可能答案的一种思维方式。其模式如图 2-36 所示。

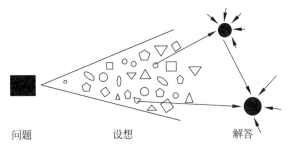

问题　　　　设想　　　　解答

图 2-36　发散式思维方式

吉尔福特认为,发散思维在人们的言语或行为表达上具有三个明显的特征,即流畅、灵活和独特。所谓流畅,就是在思维中反应敏捷,能在较短的时间内想出多种答案。例如,解决渡河问题可以有多种方法:造桥、坐船、使用飞行器、建空中索道、开凿河底隧道等。在一定时间内想出的方法越多,证明发散思维的流畅性越好。所谓灵活,是指在思维时能触类旁通,随机应变,不受心理定式、功能附着的消极影响,可以将问题转换角度,使自己的经验迁移到新的情境之中,从而提出不同于一般人的新构想、新观念。仍以渡河的方法为例,一般人往往受心理定式的影响,一提到渡河,很快就想到坐船或造桥。其实,渡河也可以采用将水引开或拦河筑坝、截断河水或抽干河水等方法。一提到造桥,往往想到的是已有的各种桥型。思维灵活的人则可以进行变通处理,提出一些突破常规的做法。如李春造的赵州桥,就没有采用当时普遍采用的平面石墩桥或半圆拱桥,而采用了坡度平缓的敞肩型拱桥。南京长江大桥的公路引桥也没有单纯继承李春的拱桥经验,而是有所创新,采用的是双曲拱桥。随着技术的进步,现代还出现了斜拉桥,以及拆卸、组装方便的浮桥(图 2-37)。所谓独特,是指所提出的解题方案或方法大大超过一般人。利用发散思维的上述三个基本特征可以衡量一个人发散思维能力的大小。

图 2-37　拆卸、组装方便的浮桥

影响一个人发散思维能力大小的因素很多,其中首要的是一个人的知识广博程度。正如前面提到的那样,知识是思维的材料,知识面越宽,涉猎的领域越多样化,越能为发散思维提供更丰富的素材。因此,要提高自己的发散思维能力,就要事事留心,有意吸纳多种知识和信息,不仅注意本专业范围内的知识,而且注意邻近专业,甚至表面看来不相关领域的知识,关心整个科学技术的新进展,同时注意积累自己的点滴经验。正如美国一家以富有创意知名的阿利•加加诺广告公司的创办人卡尔•阿利所说:"有创造力的人希望自己是个万事通。他想知道所有的事情:古代的历史、19 世纪的数学、现代创造的科技、插花等,因为他不知道何时这些观念可以形成新创意……"其次,是知识的存储方式。知识在头脑中的存储有一定方式。一般来说,人们在记忆某些知识时总是离不开特定的情境,知识和知识之间往往存在某些固有联系。这对于解决那些与原情境相类似的问题无疑是有利的,但对于需要创造性地解决的问题来说,则可能会成为一种障碍,因为它容易使人固守以往的经验,形成习惯性思维,不能跳出传统的窠臼。因此要避免其消极影响,就应该改善知识存储方式,活化知识,把知识从特定的情境中"游离"出来,这样才便于不同知识之间的重新组合,增强知识、经验的迁移能力。在技术创新中,有时倒是一些非本专业或行业的人能提出一些有价值的好点子,就是他们较少被专业思想束缚的缘故。

发散思维能力同其他能力一样,并非与生俱来,而是可以通过训练得到提高的。其训练方法多种多样,基本的有智力激励法、自由联想法、类比法、等价变换法、形态分析法等。

2. 集中思维

与发散思维相对应的是集中思维(convergent thinking)。集中思维也称辐辏思维、聚合思维、收敛思维等。如果说发散思维是放飞想象,集中思维则是收回想象。它是以某个问题为中心,在大量设想或方案的基础上,运用多种知识或手段,从不同的方向和不同的角度,将思维指向这个中心点,以达到解决问题的目的。

集中思维有三个鲜明的特征:一是来自各方面的知识和信息都指向同一问题;二是集中思维的目的在于通过对各种相关知识和不同方案的分析、比较、综合、推理,从中引出一种答案,而不是多种;三是和发散思维相比,集中思维的操作更多地依赖于逻辑方法,也更多地渗透着理性因素,因而其结论一般较为严谨。

相对于发散思维,集中思维是一种异中求同、量中求质的方法。只发散不集中,势必造成一盘散沙或鱼龙混杂,因此发散后必须进行筛选和集中,从纷繁复杂的信息中理出一条满足目的要求的线索,如同在一个四通八达的交叉路口,设法找到一条通向目的地的最佳路线一样。它是对多种方案进行评价、筛选和选择的主要思维形式。

在创新活动中,集中思维有重要的不可忽视的作用。首先,要确定创新目标,就离不开集中思维。从原则上来说,创新的目的是为了满足社会的各种需求,要从各种需求中确定出有价值的,并且在实践上有可能完成的发明、创新目标,就要对多种需求进行分析、评价和优选,这是在创新活动的准备阶段非常重要的一项工作。方向选得不对,题目选择得不合理,往往直接影响其后创新活动的顺利开展。其次,在创新活动的"顿悟"阶段,集中思维也起着重要作用。虽然在"潜伏"阶段,通过发散思维,可能会设想出各种各样解决问题的答案,但在顿悟阶段真正明朗起来的答案只有少数几种,其他相当大的一部分则被集中思维"过滤"掉了。尽管被过滤掉的答案中也可能不乏具有高度创造性的,但这种过滤却是非常必要的,否则就不会产生一个相对集中的思维核心,就会无限制地延长"潜伏"的时间。第三,在"验证"阶段,集中思维的作用更为突出。因为事实上不可能对曾经设想过的所有方案都进行检验,因此必须有所选择,这种选择的过程也恰恰是集中思维发挥作用的过程。总之,集中思维在创造活动中是不可或缺的。片面地过分强调发散思维的重要性,而忽视甚至完全否定集中思维在创造性活动中的作用的观点,是不符合创造活动规律的。

实际上,集中思维和发散思维作为两种不同的思维方式,在一个完整的创造活动中是相互补充、互为前提的。发散思维能力越强,提出的可能方案越多样化,才能为集中思维在进行判断时提供较为广阔的回旋余地,也才能真正体现集中思维的意义。否则,如果自始至终只有一种方案,那就失去了选择的价值,更谈不上优选了。但反过来,如果只是毫无限制地发散,而无集中思维,发散也就失去了意义。因此,一个创新成果的出现,既需要以一定的信息为基础,进行充分的想象、演绎,设想多种方案,又需要对各种信息进行综合、归纳,从多种方案中找出较好方案,即通过多次的发散、收敛、再发散、再收敛的循环,才能真正完成。在创新成果的整个构思过程中,发散和集中(收敛)这两种思维形式都起作用,只是在开始阶段,两者交替运用的频率较低,间隔时间较长,随着交替频率的提高,创新成果也就渐趋成熟(图 2-38),一般是始于集中思维,经过发散,最后再集中,即集中(确定课题)—发散(构思方案)—集中(验证与实施)。

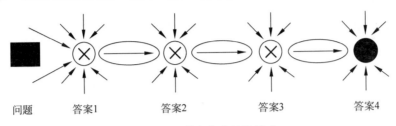

图 2-38 发散与集中思维模式

3 第3章
CHAPTER

创造性思维的基本规律

　　创造性思维是科学思维的综合形式,是在人的思维心理、思维形式和思维环境协调一致的情况下产生的。规律是现象间必然的、共同的联系。创造性思维规律就是各种创造性思维活动间的普遍存在的共同联系。创造性思维规律以不同的作用形式存在于整个创造性思维活动中,制约着整个创造性思维的产生和发展。只有了解和掌握了创造性思维的基本规律,才能学会科学地开采出大脑中无限的创造资源,才能使思维之花结出丰硕的果实。

3.1　创造性思维的本质

　　根据系统科学的观点,万物皆成系统,人的创造性思维活动也同样是一个复杂的系统工程。不能简单地将创造性思维等同于纯粹的形象思维、纯粹的逻辑思维、纯粹的灵感思维等思维形式。其实,现实中的思维不是(也不可能是)纯粹的某种思维,而必然是你中有我、我中有你的。通常所说的形象思维、逻辑思维等只是为了理论研究的方便而抽取出来的。创造性思维可以说是各种思维方式中最高的思维方式,是一种综合性思维,其重要的一点在于它不是也不可能是依靠某一种或两种思维形式合作的结果,而恰恰是融各种思维形式于一体,是各种思维形式综合作用的结晶。

　　创造是一种复杂的心理活动。心理活动是人脑的机能,是对客观现实的反映。现代心理学的研究成果表明,人的心理活动是多层次、多形式、多功能的,而心理和思维又是密不可分的。高级的心理活动,如兴趣、情绪、意志、性格和意识等各种心理因素,都不同程度地伴随着思维过程的始终。

　　创造性思维是指创造者在最佳的心理构成和心理合力作用下,首先获得强烈、明快、和谐的创新意识,进而使大脑中已有的感性和理性知识信息,按最优化的科学思路,并灵活地借助联想和想象、直觉和灵感等因素,以渐进式和突变式两种飞跃方式,进行重新组合、匹配、脱颖和深化,最后实现科学创造的成功(图 3-1)。

图 3-1　卫生间内使用的
　　　　　产品支架

　　创造性思维的目的在于改造外部世界,它同一般意义上的思维和思维过程有所区别,它还以思维成果是否具有社会新颖性、独创性、突破性、真理性和价值性为其检验标准。也就是说,创造性思维的产生与思维的社会环境密切相关。

综上所述,创造性思维作为人脑机能的产物,既是自然长期演化的结果,又是集体智慧的结晶,创造性思维过程是个系统工程,是思维心理、思维形式和思维环境系统综合的结果。

3.2　创造性思维规律

从大量的科学、艺术、政治、经济、宗教、神话等方面的例子中发现,无论是科学的创造还是艺术的创造,从根本上说是一致的,都遵循创造性思维的规律——思维组合率,简称组合率。

为什么说创造性思维规律是组合率呢? 这不仅是从各种创造性思维的实例中总结出来,而且与进行创造性思维的主体——人脑有紧密的联系。美国心理学教授斯佩里和尚格提出的大脑神经回路曾说明这一点。他们认为大脑神经元组成的神经回路是思维产生的生理基础。大脑有 1000 亿个神经元,每个神经元又与 3 万个神经元互相联系,大脑中有 10^{10} 亿个结点,能形成极大数量的神经回路,每个回路可能与某一思维内容相对应,因此人脑的思维容量极大。他们认为各种思维方式也可能与神经回路的构成方式有关,有的回路通过学习固定下来可以产生重复思维,而且在思维进一步发展下,大脑中将产生新的回路,新回路产生后表现出来的可能是创造性思维,这种新回路的构建就是思维组合率的生理基础。于是可以把大脑看作一种特殊的信息处理机,这种特殊就在于人脑可以将储存的信息加工,组合成新的信息(图 3-2)。

图 3-2　摇椅

系统是相互联系的诸元素的集合体。一个创造成果不是相互分离的个别元素的简单堆砌,而是一个有机联系的系统。创造性思维就是构建储存在人脑中的各种元素(信息)之间的整体性联系,当然不是旧的联系,而是新的联系; 不是重复的联系,而是创新的联系。

系统的组合是诸元素之间建立某种结构并可发挥整体性功能的组合,是可按照某种要求在层次、空间、时间上重新组合。思维主体在储存于脑中的元素(信息)之间建立新的联系,这同系统是诸元素有机联系的整合相对应。

图 3-3　漫画《从中作梗》

我们来看这幅漫画(图 3-3)。我们可以把这幅漫画看作一个系统,它要达到的功能是逗人乐。这个系统又可以分为两个子系统,一是一幅描述运动员正在进行撑竿跳运动的图像; 二是一只啄木鸟。分开来看这两个子系统都不具有逗人乐的功能,而组合起来则具有了这一功能。再进一步来讲,两个子系统之间的组合方式不同,所表现出来的功能也有所不同。如将啄木鸟安排在天空飞翔,那就不具有逗人乐的功能了。这说明一个创造系统是由元素和元素之间以特定的联系和结构而组合构成的,元素之间的简单组合的排列并不能促成有意义的、成功的创造。

3.3　系统组合率

创造性思维的系统组合率表明创造性思维的结果是一个由诸多思维元素以一定的结构组合而成的系统,而不是元素的简单、机械的堆积,所以创造性思维是人脑创造新观念的系统活动。在一定的发展前景中,主观组合的观念系统有可能在外部世界中找不到客观的对应物,称为主观系统;有客观对应物的观念系统,称为客观系统。例如,在没有创造出"录音机"的时代(当时也没有"录音机"这一概念),有人提出了要设计一种"能将声音长期储存的装置",此时可称其为主观系统,而当能实现这一功能的机器创造出来后,这个主观系统则转化为客观系统。

创造性思维构成某观念系统,它必然要求思维主体进行元素、结构、功能、环境的构建。每一个主观系统的建立都是为了实现一定的功能,功能是主观系统的元素组合成一定结构,即创造性思维完成后,主观系统与环境在相互联系中所表现出来的属性和所起的作用。这种功能在创造性思维中表现为创造主体获得用于解决问题的答案,这是创造主体所希望达到的目的。环境在这里有两种,一种环境是指创造主体在进行创造性思维时自身所处的社会历史条件和个人的知识、经验;另一种是指主观系统转化为客观系统时所处的具体环境。如果主观系统的功能能达到创造主体的要求和目的,并具备实现的客观环境,那么这个系统就可行,是可以转化为客观世界对应物的。

思维主体组合的系统是外部世界中的系统性和统一性在人脑中的反映,这也是系统组合率的客观基础。

我们分析下面在一定条件下可以认为是创造活动的例子,来说明创造性思维规律是系统组合率。现在想把灯光集中于一点,而手边又没有灯罩,只有一张白纸、一块砖、一件衣服、一支钢笔、一个白瓷碗。于是把碗扣在灯头上或把纸卷成喇叭状罩在灯头上做灯罩,这样就达到了集光的目的。

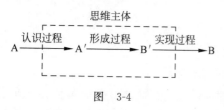

图　3-4

分析这个系统,如果把"我"作为创造主体独立出来,则其余的元素构成一个系统 A,那么创造主体就需要在大脑中组合新的系统 A′。此时,创造主体的任务之一是选择元素,建立元素之间的关系,构成一个具有集光功能的创新系统 B′。整个创造活动过程可表示为图 3-4。

A′是怎样组合成 B′的呢? 以上例来看,创造主体先是在系统 A 中进行两两元素的组合,如果在组合中找到了满足功能的形式,就可以停止选择元素的活动,如果在两个元素的组合中得不到需要的功能或为了寻找更佳的功能效果,还可以进行三个元素、四个元素、五个元素、六个元素的组合,以寻找功能。在实际创造中,元素对创造者来说是极多的,其组合数目更多,创造者完成一次成功的创造活动,就像中彩一样,甚至比中彩的概率还低。所以,构建成功的组合依赖于灵感。

创造性思维就是根据功能、环境和元素寻找特定的元素和特定的结构,以构成主观系统。人的创造活动就是将思维元素组合成可行的观念系统,再把主观系统转换成客观系统;在实现过程中反复组合和选择,并通过认识的不断深化,逐渐达到改造世界的最终目的。

3.4　形式组合率

对客观系统进行分解后,可以得到各个不同的子系统,子系统再次分解后可达到构成子系统的元素,对事物的属性也可以进行这样的分解。某些元素在一定的层次和时间上被认为是不可再分解的,称为基本元素,由基本元素组合成的系统(子系统),称其为复合元素。

　　基本元素来自对客观系统的认识。一切事物的构成是在空间、时间上表现出来的,创造当然也是在空间、时间上进行的。如文章的组合可以说是在一维空间中的创造;绘画则是二维空间的创造;三维空间的创造是雕塑和制造各种产品等。

　　如果创造主体在组合新观念系统时,仅仅是将元素机械地简单拼合在一起,那么组合率就表现为形式组合率。一维空间中的形式组合率最为简单,它表现为元素在一维空间上的排列组合。如果不论创造性思维成果是否可行,那么思维形式组合率就可以认为是一个形式化的规律。

　　所有基本元素的集合构成基本空间,基本空间中基本元素的个数同创造主体所处的社会历史状况和个人的知识、经验成正比。形式化的创造性思维活动是创造主体调动储存在脑中的基本元素,按一定关系组合成复合元素的过程。所有复合元素的集合构成一个复合空间,其中每一种排列组合方式可以称为一个结构,所有可能的结构的集合可构成结构空间。

　　假使要设计一个橱窗形态的构造,应该从哪里着手呢?显然,会把这一系统分为 A 天花板、B 地面、C 围墙三个子系统(图 3-5)。接下来依次找出各子系统可能的构成要素。比如对于天花板而言,可以将它分为圆形、方形、三角形、凸形、凹形……而由这些要素两两组合,则可构成圆形+方形、圆形+三角形、圆形+凸形……若三个三个地任意组合,则会产生其他形式更复杂、数量更多的造型来,若将它们的组合方式改变一下,如在圆形与方形的组合中又可分为圆在上、在下、在左、在右等各种排列方式,即多种"结构"形式,那出现各种造型的可能性就更是多如牛毛了。同样,也可将地面、天花板做同样的分解与组合,如此可以很容易得来数目可观的造型形式方案。

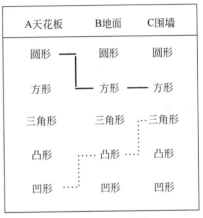

图 3-5　形式组合率

　　从理论上讲,基本元素、结构方法都是极多的,由它们组合的复合元素更是无法计数。但创造性思维一般都是个人的思维活动,创造主体大脑里储存的基本元素和掌握的结构方法都很有限,同样地类推,通过组合的复合元素也就有限了。如作家写文章首先必须掌握一定数量的字,知道怎样读,怎样写;这些字在一定历史时期是不变的,如果有变化就是写错了,但错误也是创造,只是不为人们所承认。可以认为这些字是一个基本空间,每一个字是一个基本元素。在词汇学中文字通过一定的组合方法——词法组成了词,词汇是文字的复合空间,词则是文字的复合元素。在语法学中词又通过一定的组合方法——语法构成句子,即言语,言语是词汇的复合空间,句子是词的复合元素。作家掌握了上述一系列变换后,再根据自己的意图即要达到的目的,用句子组合文章。当然,在实际创作中将更为复杂,这涉及作者的艺术修养、生活基础和个人素质等。

　　利用基本空间可为描述创造性思维规律建立形式化的基本模式,这样可以促进对创造机制的认识。就人类认识范围来说,每一个客观系统都包含在基本空间中,一系列基本元素可以描述一种客观系统,并对应特定的结构。主观系统则是基本元素之间与客观中无特定对应结构组合在一起的复合元素。创造性思维规律的形式化,对于认识大脑的功能、探索创造的奥秘都有重要的意义。

4
CHAPTER
第4章

艺术设计思维训练

长期以来在设计教学上,教师把精力都集中在传授前人积累的文化知识或有限的技能上。如素描课,大多是先讲授西洋绘画的透视法则,随后便是让学生根据这种规范进行写生练习,间而传授一些绘画技巧,而对于诸如西方的这种透视技法是如何产生的、创造这样一种画法的画家又是如何构造出这一绘画体系的问题,却所言甚少。教形态构成,也只是列出重复、韵律、发射、近似、特异等构成手法,然后展示范例作业,而对于运用这些手法的视知觉心理基础和如何创造性地运用这些原理去作设计,该用什么样的思维方式去获得这样的设计效果则很少提及。

这种现状在设计教育中是十分令人堪忧的,从一开始就给学生的思维套上了模式,由此导致了模仿多于创造,被动接受多于主动思考。在这样的教育体制下培养出来的只能是"匠",又如何能成"师"呢?美国心理学家诺曼也曾指出:"很奇怪,我们要学生学习,却很少教他们怎么学;我们要学生解决问题,却又难得教他们如何解决问题;同样,有时我们要求学生记住很多东西,但又不教给学生记忆的技巧。"

回顾艺术设计发展史,任何有建树的设计家、建筑家、画家,之所以能在艺术与设计这片浩海中扬起一片风帆,是因其提出了独创性的设计理念或思想体系。这一体系必定是开创性的,而这种成果的由来则必定是经过艰苦的思考而得来的。因此,重视思维训练,提高设计专业学生的思维技能是打破现有陈旧的教学模式,开发创造智能的有效途径之一。

4.1 创造性思维训练概述

20世纪,人们认识到人的各种能力(注意力、记忆力、推理能力等)都是可以经训练由劣变优的,而若要训练某种能力,只要训练其形式即可。于是,人们对形式训练(formal discipline)这种思维训练方法推崇备至。当时的教育家认为,学习拉丁文可以训练观察、比较和综合的能力,学习数学对培养注意力和推理能力都是十分有效的。结果,大量诸如拉丁文、数学演算的形式训练使学生感到学习枯燥乏味,因而效果不佳。以后人们又陆续进行了许多学习迁移的训练。

真正涉及思维训练的研究和实践主要还是从21世纪开始的。克劳福德(Crawford)的工作可以说是开创性的。他的训练项目主要用于改善工程师、经理、设计师等专业人员的思维能力。克劳福德要求受训者能熟练地使用"属性罗列法",即列出产品的关键属性,然后提出改进的方法。比如这样一个问题:"如何改进普通的粉笔?"首先,要列出粉笔包含的各种属性,如形状、大小、颜色、硬度等,然后考虑如何改进这些属性,如增加颜色的种类、制作超长粉笔等。克劳福德以后的许多训练项目也开始纷纷强调对观点的罗列和检查了。

奥斯本(Osborn)在 20 世纪 40 年代开始推广"风暴思维法",这种方法要求遵循以下四个原则。

(1) 不加评判:参加者要按"延迟评判的原则"行动,思维像风暴般涌现时不加任何评判。

(2) 数量要求:参加者要产生尽可能多的观点,不必考虑这些观点的质量。

(3) 独创性要求:鼓励参加者产生奇怪的、不同一般的观点,不必考虑其是否切实可行。

(4) 联合和改进:对已提出的各种观点进行再创造。

布鲁姆和布罗德(Bloom & Broder)提出的一种训练方法是教补习生模仿和利用优秀学生所采用的程序,当补习生解决一个问题时,先让他们大声报告出他们的思维,然后把优秀学生解决该问题所用的程序告诉他们,并请他们用自己的话把自己没有用过而优秀学生用过的所有策略写下来,训练者帮助他们对此进行讨论。然后让补习生解决另一个问题,这时可以采用刚刚讨论过的那些技术。经过多次训练后,补习生解决问题的能力明显提高了。

20 世纪 60 年代以来,思维训练的研究和实践是大量的,取得的成果也是相当鼓舞人心的。

4.2　思维的可训练性

思维训练是采用一定的程序,对思维能力、思维方法、思维知识和思维态度等进行系统训练,从而使人的思维水平得到提高的过程。

思维可否通过训练得到提高,这是长期以来众说纷纭的话题。一般说法认为,智力的物质基础是大脑,大脑的特点决定了人的聪明程度,大脑的特点当然可以影响智力,因为智力以大脑生理为前提。但是,只要大脑是正常的,后天的教育和环境因素所起的作用比先天的影响要大得多。这个观点已为越来越多的教育和发展心理学事实所证明(图 4-1,图 4-2)。

图 4-1　设计思维的训练(1)

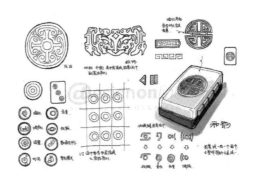

图 4-2　设计思维的训练(2)

目前争论比较多的是这样两个假设:一是思维技能是不能教会的;二是思维技能是不需要教的。不断积累的事实证明这两个假设都是错误的。思维技能通过训练可以得到改善,而假设这种技能是发展或成熟的自然产物则是十分危险的。

不管各种争论如何,如果"思维能够被训练提高"是事实,那么经过努力就可以使我们的教育对象甚至是全人类的思维水平得到提高;如果这个假设是错误的,也就是说思维是不能训练的,那么我们至多是浪费了精力而已。然而,如果这个假设是正确的,而我们拒绝了它以致失去了努力的机会,那么我们的损失就太大了。两种不同代价的比较使我们不得不重视思维训练。

美国全国教育协会在《美国教育的中心目的》一文(1961)中声明,"强化并贯穿于所有各种教育目的的中心目的,即教育的基本思路——就是要培养思维能力"。

从已有的研究成果来看,思维是可以训练的。第一,思维的生理基础是大脑,据估计,大脑神经元的数目可达 100 多亿,而实际使用的约为 20%～30%,余下的神经元都未被开发利用。许多研究发现,经过一定的神经递质或 RNA 的药物处理后,被试的思维在一定程度上有了提高,这说明生理上的变化也可以引起思维的变化。第二,社会进化史表明,人类的思维能力随着社会的发展不断提高,而这正是人类长期学习和训练的结果。第三,人的思维发展具有一定的阶段性,尽管教育不能超越或改变各个阶段的发展,但良好的教育可以加速各阶段思维的发展。研究发现,思维的发展是不平衡的,环境和教育可以使思维的发展加速或延缓,不同思维阶段的转折点也可能因此提前或延迟出现。第四,研究表明,思维是有社会历史文化制约性的。思维的发展存在一定的"最近发展区",通过有目的的思维训练,人的思维能得到一定的发展。第五,许多研究结果也证实了思维的可训练性。张慕蕴等在 1980 年通过挖掘儿童思维发展潜力的训练,使一年级小学生在第一学期就掌握了八位数的读法和写法,抽象思维能力得到很快提高。

4.3　艺术设计思维训练的意义

艺术设计是将一些可以理解的信息,通过形象化的技术(如手工、计算机或其他机电设备)传达给受众,使其得到精神上与物质上的享受。艺术设计与广义的设计含义有所不同,它是一种特殊的艺术,有艺术的性格;它不再是单纯艺术造型角度的外观设计,也不再是技术角度的功能设计;它是对实用与美观的一种再创造,也就是说,它是将艺术物化的手段。

设计是一种造物活动,设计的本质在于启发创造性思维,发挥创造力;创造力的产生与发挥,依赖于创造性思维的发散与收敛。因此,激发设计思维的智能,着重于启发创造力的发挥,并创造性地由表及里、由此及彼、举一反三、触类旁通地发现问题、归纳问题、分析问题和解决问题。这是艺术设计过程的本质所在,是设计造物的灵魂所在。

艺术设计思维既不同于借助概念的逻辑思维,又不同于借助艺术形象的形象思维。艺术形象思维再现现实世界的人物和现象(神话和科幻创作也是按照现实世界的形象来描绘的),艺术设计思维体现想象的形象,但是这些形象在现实世界中并没有直接的类似物,因此可以说,艺术设计思维需要极优秀的创造性思维。但学习这个专业的许多学生,包括一些从事设计艺术工作的人并没有得其要领。他们有的不知该如何思维,有的则对设计思维存在很多片面的观点,这常常会影响其创造能力的发挥。再进一步说,人人都会思维,但不一定都是科学的思维。例如,由于长期以来的习惯使然,他们大都认为设计是形象思维,因此在进行设计时,设计师往往在很大程度上依赖形象思维,并且常常简单地将形象思维等同于艺术思维。他们往往十分重视感性而忽视理性,甚至错误地认为过于逻辑化的思考会扼杀其艺术天分,因此,不是常常沉溺于不着边际的联想中,就是面对设计课题束手无策,不知从何开始思考,这就是由于走入了思维的误区而导致的不良结果。其实,形象思维并不是艺术创作中唯一的思维形式,艺术思维应是有更高效益和更高价值的思维活动,设计艺术思维则可看作艺术思维的外化形式,其实质是创造性思维。正如 4.2 节所介绍的那样,人人都具有创造力,关键在于如何把这种创造力激发出来,这也就是思维训练的意义所在(图 4-3,图 4-4)。

图 4-3 概念汽车(1)   图 4-4 概念汽车(2)

4.4 增进创造性思维的具体策略

4.4.1 创造性思维的程序

以前,学校教育往往忽视了对学生创造性的培养,没有给创造性思维训练以一席之地。为了填补这一空缺,现代学校教育中许多训练人们创造性思维的程序已发展起来了,尽管各个训练程序有很大的不同,但都具有如下共同的原则:

(1) 指导学生如何围绕一个问题进行多种不同方式的思考,然后从中选出最优的一个方案。

(2) 给出大量的实例和练习来示范,并进行创造性技法训练。

(3) 训练学生如何提出相关的问题以及如何去发现问题。

(4) 根据一个想法的结果来评价这一想法的质量。

(5) 对具有创造性的和有关联的方法进行奖励,让学生知道他们的主意是有价值的。

(6) 给学生们创造自由发言的气氛。

4.4.2 创造技法

任何一个研究方法总需要特定的条件,创造性的训练也不例外,也需要某些特定的条件和方法。这些特定的条件、方法并不为少数人所具有,每个人都可以通过这些方法来提高自己创造性思维的能力。这里介绍一些在生活中可直接运用的提高创造性思维的策略和方法。这些策略和方法称为创造技法。

1. 搜智集见法

随着科学技术的发展,创造性活动越来越涉及众多的知识领域,单靠个人的力量已无法胜任。为了弥补个人智力和精力的不足,创造发明活动往往采用相互合作的办法。搜智集见法就是一种集体思考的方法,因为当一批富有个性的人集合在一起时,由于各人在起点、掌握的材料、观察问题的角度和研究方法等方面的差异,会产生各自独特的见解,然后,通过相互间的启发、比较甚至是责难,从而产生具有创造性的设想。

下面具体介绍几种运用较广的搜智集见法。

1) 奥斯本智力激励法

奥斯本智力激励法,即头脑风暴法(brain storming),是世界上最早付诸实施的搜智集见法,由美国创造学的创立者奥斯本于 1939 年首创,这是在很多场合,尤其是在广告行业中为了集中产生大量设想而经常采用的,是在创造会议的基础上发展而来的。它提倡运用人的智慧去冲击问题,它要求与会者自由奔放,打破一切常规和框框,随意进行畅谈,发表意见,使他们互相启发,引起联想,产生较多较好的设想和方案。当一个与会者提出一种设想时,就会激发其他成员的联想,而这些联想又会激起更多更好的联想,这样就形成了一股"头脑风暴"。头脑风暴法的目的就是在短时间内产生解决某一问题的许多方法。想法越多,最后得到有价值见解的可能性也就越大。因此通过头脑风暴法常可以得到一些意想不到的解决问题的好途径。

在为了解决问题而进行思考的场合中,个人的创造性无疑是非常重要的,然而个人的条件不同(经验和知识不同),从而每个人想出来的主意也会五花八门,且超不出自己知识与经验的范围。进行集体思考,不仅会有更多的想法,而且可以互相补充,互相启发。所以,一般"头脑风暴法"的参加者都在5~10人之间,以6个人最为适宜。此外,最好不要有太多的专家,因为他们不仅限制多些,而且往往是非常规方案的批评者,而对方案的评判应在会后进行。一次会议只解决一个问题,且每次会议不得少于一个小时。

"头脑风暴法"会议过后,列出一系列可能的解决方案,然后根据问题本身的限制,包括经济、时间的限制,以及伦理道德的要求,选择问题的最佳解决方法。

2) 默写式智力激励法

默写式智力激励法又称"635"法,是德国创造学者根据他们民族长于沉思的性格特点,对奥斯本智力激励法加以改进而提出的一种以书面畅述为主的智力激励法。此法规定:每次会议由6人参加,要求每位与会者必须在5分钟内提出三个设想,故又称"635"法。

默写式智力激励法的具体做法是:会议主持人先宣布议题,并对与会者提出的疑问加以解释,然后发给每人几张设想卡片。每张卡片上标存1,2,3号码,号码之间留有较大的空白,以便填写新的设想。填写时,字迹务必清楚。在第一个5分钟内,每人针对议题填写三个设想,然后将卡片传给右邻的与会者,在第二个5分钟里每人可以从别人所填的设想中得到启发,再填上三个设想,再传给右邻者,如此多次传递,依次反复几次,就可以通过别人的信息诱发自己的灵感,创造出新奇先进的方案来。半小时内可传递6次,一共可以产生108个设想。

这种方法的特点是时间短、速度快。由于不直接说出方案,而可以自由地发挥想象,不受限制。自己记录和交换信息,从而能够抓住新的有利的想法。

3) 戈顿下行法

戈顿下行法又称综摄法,是戈顿(W. J. Gordon)教授在分析了奥斯本的头脑风暴法,发现它的一个最大弱点是方案产生得太快,以至于忽略很多更好的方案后,提出的一种激发创造性思维的方法。他提出应该将研究的问题适当抽象,以摆脱现有事物对思维的束缚,使设计人员开阔思路,以便获得常规难以得到的方案。

戈顿下行法的具体做法是:在开始时会议组织者只把真正要解决的问题包含在广泛的问题之中来提出,使与会者(他们并不知道具体要解决的问题是什么)在更广泛的空间内构思解决的方案。在会议进入僵局或接近要解决的问题时,主持人再引导或讲明要解决的问题是什么,以便更深入地研究解决方案。由于具体方案是广泛问题的向下行进一步,使问题最终得到解决,所以称为戈顿下行法。

例如,现在要研究剪草机的改进方案。那么奥斯本智力激励法则会宣布,现在要设计一个剪草机,把草剪平有什么方法呢? 而戈顿法则提出"用什么办法可以把东西断开?"随着与会者的自由想象,则会产生剪切、刀切、割断、冲开、锯断、扭断、刨断、拉断、扯断、砍断、烧断、电解、激光等许多方案。待积累到足够数量的方案后,会议组织者再向大家公布,最终目的是设计更好的剪草机。这时,与会者再进行深入的思考,舍去那些不可行方案,对可行方案再进一步展开。最后就可以提出采用理发推子形式的锯齿形刀片、镰刀式旋转刀片、圆盘式刀片等各种具体方案。再通过更深入、更具体化的研究与试验,则可得出最佳方案,进而设计出更好的剪草机。

戈顿教授表示,创造是一种"看似无关的知识要素组合起来的活动"。综摄法就是一种利用现有知识和事物的长处来创造新事物的方法。它有两个基本原则,一是"异质同化"原则。要求设计师必须在用现有的知识对现有的制品进行分析后,采用"联合"、"同化"的方法产生新的制品。如将汽车与房屋组合在一起,便产生了活动房屋的新设计;将电视与电话相结合,便产生了可视电话。在平面广告设计方面,"异质同化"原则也被广泛运用(图4-5)。

图 4-5 印度一家咖喱餐馆广告招贴

综摄法的第二个基本原则是"同质异化"原则。与"异质同化"正好相反,它是对现有制品进行"分解"、"异化"。如将热水瓶的体积缩小,可做成保暖杯;家用固定电话可发展成移动电话。综摄法是设计中常用的方法。不仅制品与制品之间的"同化"与"异化"设计,制品与环境之间、室内环境与室外环境之间的关系设计也采用这个方法,从而产生"环境中的制品"、"内景外移"、"外景内移"等多种设计成果。在广告、包装等视觉传达类设计中,"异质同化"和"同质异化"方法的运用能够增加画面的新奇感。因为,画面上所反映的图像是观众头脑中从没有出现过的物体,所以就会使人产生兴趣去读解图像和文字,而这些图像和文字所表达的内容便会轻而易举地留在消费者的记忆中,达到广告和包装竭力吸引消费者的目的。

4)德尔菲法

德尔菲法是由美国兰德(Rand)公司于20世纪50年代提出并开始使用的一种信件调查法。其名来自古希腊城堡德尔菲(Delphi),具有"大力士"的含义。

本方法与上述三种方法相比,有自己的特征和优势。因为会议研讨的形式总会给与会者某种心理上的影响,比如,权威人士和大多数人的意见往往被重复和引申,少数人的意见则有被忽视的倾向;各人的看法不同,意见分散;已发表的内容往往具有约束倾向等。

德尔菲法是将问题和意见编制成询问表,邮寄给相关的每个成员,征询他们对问题的看法和相应的解决方案。当这些方案返回后,经过组织者对方案的认真研究、归纳、综合整理后,再将结果反馈给每个成员,进行第二轮征求意见和方案修改。经过多次反复后,就会把意见分散的各种解答方案集中起来,形成一个统一的、具体化的解决问题的办法。

这种方法在征询意见时,可以选择各种人员,但是选择各方面的专家,效果则更为明显。一般选择几十个专家为宜。而且要求组织者具有很高的专业水平和综合能力。

德尔菲法的特点是,能够将很多名人和专家的创造性较好地发挥出来,并综合成高水平的创造成果。此外,与前面几种方法比较,有较充裕的提案时间,以便提案人更充分地考虑问题。但是,由于函寄的形式,限制了提案人之间面对面的交流,从而缺少他们之间的直接启发和共鸣。这样,方案水平的高低,往往受组织者的影响较大,并且所花时间较多、效率不高。

5)卡片式智力激励法

卡片式智力激励法又分CBS法和NBS法。CBS法是由日本创造力开发研究所所长高桥浩根据奥斯本智力激励法发展而成的。具体做法是:会前明确会议主题,每次会议由3～8人参加,每人持50张卡片,桌上另备200张卡片备用。会议约进行一小时,最初10分钟与会者在各自卡片上填写设想,每张卡片填写一个设想,接下去的30分钟由与会者按座次轮流发表自己的设想,每次只宣读一张卡片,宣读时将卡片放在桌子中央,使其他与会者能看清楚。宣读后,其他人可提出质询,也可将受启发所得的新设想填入备用卡片上。余下 20 分钟,与会者互相交流和探讨各自提出的设想,从中再诱发新思想。

NBS 法是日本广播电台开发出来的一种智力激励法。此法的要求是:会前先明确主题,每次会议由 5~8 人参加,每人必须提出 5 个以上设想,每个设想填在一张卡片上。会议正式开始后,每人出示自己的卡片,并依次作出说明,在别人宣读设想时,如果自己由此发生"思想共振"而产生新的设想,应立即填写在备用卡片上。待与会者全部发言完毕,将所有卡片集中起来,按内容分类,横排在桌上,并在分类卡片上加上标题,然后再进行讨论,选出可供实施的设想。

6)三菱式智力激励法

三菱式智力激励法又称 MBS 法,是由日本三菱树脂公司创造的一种智力激励法,它改变了奥斯本智力激励法严禁批评的做法。MBS 法的具体方法是:先提出主题,然后再由与会者在纸上填写设想,时间大约 10 分钟,然后各人轮流发表自己的设想,每人最多发表 5 个设想,并记录,其他人也可将根据所宣读的设想而联想到的新设想填写在卡片上,再将所有设想写成正式提案,进行详细说明。与会者之间可相互质询,以进一步修订提案,最后由主持人将每个与会者的提案用图解的方式写在黑板上,让大家进一步讨论,以获得最佳设想。

7)KJ 法

KJ 法是由日本川喜田二郎于 1964 年提出的,KJ 是他名字的字头。KJ 法使用卡片收集大量资料和事实,从中提炼问题或产生构想和原理。如要收集对某一议题的意见和看法,运用 KJ 法可按下列步骤进行:

(1)召开 4~7 人的小组会议,主持人发给与会者预先准备好的卡片。

(2)主持人给出议题,与会者在理解议题的基础上,把自己的各种意见和看法写在每张卡片上,写完后将所有卡片都交给组长。

(3)组长将收集好的卡片混合后再发给与会者,与会者充分理解自己手里的每张卡片,不懂可提问。

(4)组长宣读自己手里的某张卡片,然后问与会者手中有没有相同内容的卡片,如有也宣读,以便加深大家的理解。待所有相同卡片宣读完后,组长将这些卡片收集在一起。

(5)重复上面的过程,直至所有卡片都被归类。

(6)与会者对每一套卡片都进行认真思考,为每类卡片加上适当的标题,用彩笔写在封皮上。如封皮标题相近,可作进一步的归并。

KJ 法是一种有效的资料整理法,掌握 KJ 法可以培养人们集中琐碎现象对问题进行系统思考的能力(图 4-6)。

2. 特征列举法

特征列举法是由克劳福德提出的,他认为创造是对旧事物的改进,是通过改进某事物的特征,或把某一事物的特征添加于另一事物之上,从而完成创造过程。因此,此技法的程序首先是列出产品的关键特征,然后列出对每一特征可能进行的改变,或设想把一物体的特性加到另一物体上去。还是这么一个问题:如何改进课堂用的粉笔?首先要列出粉笔的主要特性,如形状、大小、颜色、特性等,然后考虑怎样改变这些特性,如用彩色代替白色,制成特大体积的粉笔,做一如同烟嘴一样可以用手把握的粉笔套等。

特征列举法往往是产生新异设计的好办法,如设计时装,可以列出服装的各个部分以及它们的特性,如:

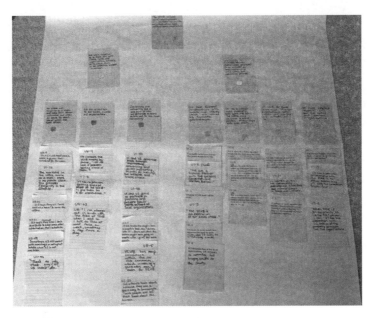

图 4-6　KJ 法

衣服的部分	特　征
衣领	尖领、圆领、立领、无领
袖子	套袖、翻边的袖子、长袖、短袖
腰身	系带的、自然下垂的、收腰的、宽松的
下摆	皱褶的、有褶边的、整齐的

　　具有创造性的服装设计者可以对这些特征进行各种可能的联结，制造出千姿百态的服装。在这一方法的基础上发展而来的创造技法有缺点列举法、希望点列举法等。

　　缺点列举法是根据"缺点就是问题"的原则而来，通过列举缺点发现问题，并考虑"哪些缺点可以改进"，或运用逆向思维能力反过来思考"是否能利用缺点"，从而创造出新产品。

　　希望点列举法是把提出的种种希望列成单子，经过归纳后，沿着所提出的希望进行创造的方法。由于此法是从创造者的意愿出发提出新设想，而不必受原物品的束缚，因此与缺点列举法相比，它是一种更为积极、主动型的创造方法。

　　继克劳福德的列举法之后，各种强调"主意核对单"的创造技法相继出现，这类创造技法被称为创造性主意核对单法。

3. 创造性主意核对单法

　　创造性主意核对单法是参阅一张列有不同目录、词语或问题的核对单，从而得到启示，促使人们从多种角度去思考，寻找线索以获得构想的方法。

　　运用核对单法可以增进创造性主意的观点已得到证实。戴纳斯和罗弗顿于 1968 年的研究就是一例，他们给学生一张"进行物理变化的思考"的单子，内容包括：

　　（1）增加或减少一些东西。

　　（2）改变颜色。

　　（3）改变原材料。

　　（4）重新安排原材料。

　　（5）改变形状。

　　（6）改变大小。

(7) 改变设计或型号。

持有这些单子的学生被要求"尽可能多地列出有关的物理变化",他们发现持有核对单的学生明显地比那些没有核对单的学生更能产生创造性的主意。

目前,创造学已经创造出许多种各具特色的创造性核对单,其中最著名的是奥斯本的核对单,它容易掌握且能在不同的情境中运用。它由下列几部分组成:

(1) 能否派上其他用场——此物是否有其他新用场? 如果改变一下,它的另外用场是什么?

(2) 适合与否——有什么其他东西与此物相似? 由此想到的另外主意是什么? 过去有无相似的东西? 可根据什么进行复制? 模仿谁呢?

(3) 能否改变——可否重新进行编织? 可否改变意思? 可否改变颜色、音响、味道和形状? 其他变化呢?

(4) 能否扩大——可以增加什么? 延长时间? 增加频率? 增加强度? 增大体积? 增加厚度? 增加额外价值? 增加配料、复制成对呢? 相乘成倍提高? 夸大之后?

(5) 能否缩小——可以减去什么? 可否变得更小? 能否凝结、压缩? 能否制造成微型? 能否变得更低、更短、更轻? 能省略什么? 能否进一步细分? 能否割裂? 能否简略陈述?

(6) 能否替代——谁可替代? 可用什么作替代物? 能否用其他成分替代? 能否用其他原料? 能否有其他的过程? 能否用其他的强度? 能否用于其他场所? 能否用其他的途径? 能否用其他音调替代?

(7) 能否重新组合——可否改变成分? 能否用其他的图示? 能否重新设计布置? 能否用其他的顺序? 改变原因会产生不同结果吗? 能否改变速度? 能否改变课程表、日程安排表、进程表?

(8) 能否反向——能否正反倒置? 能否里外反过来? 能否前后倒置? 上下倒置行吗? 角色能否反过来? 改变境遇会怎样? 能否扭转局面?

(9) 能否综合——能否把几个部件进行组合? 能否装配成一个系统? 能否把目的进行组合? 能否把几种设想进行综合?

还值得一提的是帕内斯(Panes)在1967年提出的核对单,他建议人们在寻找新主意时,考虑那些能刺激产生主意的问题,如:

(1) 客观效果怎样?

(2) 个人或群体的影响呢?

(3) 费用包括哪些?

(4) 有形资产(如原料、设备等)包括哪些?

(5) 牵涉的道德和法律问题有哪些?

(6) 无形的(如意见、态度、感觉、艺术性、价值等)问题包括哪些?

(7) 会引起什么新的问题?

(8) 已经完成哪些任务? 还留下什么困难,紧接而来的将是什么?

4. 形态分析法

形态分析法是由美国兹维基(F. Zwicky)首创的,后由艾伦(M. S. Alan)加以发展,它是一种结构组合或重组方法。这种方法的出发点是:许多发明创造不是发明一项完全新的东西,而是对旧东西的重新组合。因此先综合,从所有的来源中收集有关元素,再系统分解,并把有关元素分成3~4个较大的变项,最后重新组合,使变项形成各种结构,即形成了多种创造性设想。如解决怎样设计新包装的问题,首先可以从包装的材料、包装的形状和包装的颜色三个因素考虑,而每一因素又分成四个变项,即包装材料:纸、木头、铁、水泥;包装形状:三角形、柱形、方形、圆形;包装颜色：白色、蓝色、红色、灰色。采用图解方式,可以产生 64 种不同的组合方案以供选择(图 4-7)。

形态分析法系统逐个分解因素,排列组合,因而可以毫无遗漏地收集各个方案。又因为此法采用了图解方式,因而即使解决复杂问题亦可一目了然。

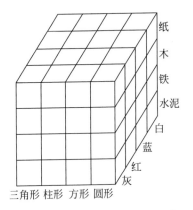

图 4-7 用形态分析法设计新包装

5. 特性列举法

特性列举法是美国内布拉斯加大学的克劳福德提出的,用于具体产品的创造和改进,是扩展思路的方法。它把产品的特性分为名词特性、形容词特性、动词特性,并研究如何改变这些特性,使产品变得更好。名词特性是指该产品的整体、部分和材料等性质;形容词特性是指性质、形状、色彩等,如红、绿、轻、重、长、短、高、低、大、小等,也就是用形容词来表现的诸性质;动词特性是表现功能、作用的特性,如打开、折叠、弯折等。把该产品的一部分或全部特性列举出来,尽可能地加以变化,从而改进产品或设计出新产品。

以改进水壶为例(图 4-8)。名词特性可列出整体(水壶)、部分(壶盖、壶身、壶柄、壶口、壶底)、材料(铝、铁皮)、制造方法(焊接法、冲压法)等;形容词特性可列出体积(大型的、中型的、小型的)、颜色(红的、黄的、蓝的、混合色的)、质量(轻的、重的)、形状(高的、矮的、圆的、方的)等;动词特性主要指产品的功能(烧水、倒水、保温)。列举之后再分析每种特性,提出各种设想,找出改进的办法。

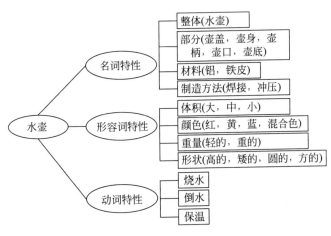

图 4-8 特性列举法

缺点列举法就是把现有产品的缺点都列举出来,研究应采取哪些措施来克服这些缺点。

希望点列举法是列出希望产品有哪些改进,将这些改进要求加以研究进而设法实现。

下 篇

方法篇

创造力及其开发

创造力是人们在从事创造性活动(如创造、发现、发明等)中最关键、最活跃的因素。不可否认，牛顿、达尔文、爱迪生、爱因斯坦等伟大人物都具有很高的创造力。那么，一般人有没有创造力呢？创造学对于这个问题的回答是完全肯定的。

5.1 创造力的基本概念

人们对于"创造力"一词并不陌生，它已成为心理学家、教育家、经济学家、企业家、管理人员、政工干部、科技工作者以及文学家、艺术家等各类人员广泛使用的一个术语。创造力的表现形式十分广泛，很难用一种权威性的创造力理论来概括其全部内容。不同的人或同一个人从不同的角度出发对创造力可以产生不同的理解。

创造力是由拉丁语 creare 一词派生出来的。creare 的意思是创造、创建、生成、造成，大意是指在原先一无所有的情况下创造出新的东西。

对人们一般所讲的创造力，至少还可以再划分为狭义的创造力和创造能力两大类。最早把创造学引进中国的许立言先生在所著的《创造工程》一书中，一方面写道："现代科学的研究证明，一般来说，每个人天赋的创造力本来是公平合理的，生下来并没有太大的差异……"另一方面又紧接着写道："但是每个人的创造力因他后天受到的教育、生活环境等不同而出现很大差异。"显然，许立言先生在第一处所说的创造力指的应该是狭义的创造力，而后一处所说的创造力则是指人的创造能力。一般所说的创造力或者广义的创造力，应当包含狭义的创造力和狭义的创造能力两层含义，或者说包含两个概念。斯蒂文森(L. Stevenson)认为："成为自己和成为你所能发展的自己，乃是生命的唯一目的。"人试着要发挥其潜能及表现其存在是创造力产生的主要原因。

科学研究表明，人类本身是由低等生物经过亿万年漫长的历史进化后而形成的产物。在这一进化的后一个阶段，动物特别是脊椎动物的进化不仅仅表现在其身体的结构和形态上，同时也表现在大脑的形态及其机能上，尤其是表现在大脑属性之一的智力上。可见，创造力本身就是生物界长期进化中大脑进化的产物，是人类大脑的一种自然属性，它是随着人的大脑的存在而存在，随着大脑的进化而进化的，因而它是每一个正常人都应具有的一种潜在能力，对于每个人来说其创造力都是天赋的。

　　创造力只有显露出来才能形成另一含义中显性的创造能力。创造能力并不是人类大脑的自然属性,它不是天生的,而是经过后天的学习、训练才表现出来的显性创造能力。创造能力是可变化的,只要仔细考察就不难发现,即便是最简单的创造活动,也必须经过后天的哪怕是最简单的学习和训练才能够完成。鲁迅先生曾说过:"即使天才,在生下来时的第一声啼哭也和平常儿童一样,绝不会就是一首好诗。"

　　创造力是一种隐性的创造能力,它是先天的,是每个人不需要学习和训练就已具有的一种自然属性。创造力无法测定,因而它没有大小之分,与知识和素质无关,它是创造能力的直接依托或形成的基础。

　　创造能力是一种显性的创造力,它是后天形成的,是必须经过后天的学习和训练(开发)才可显露出来的一种社会属性。创造能力是可以测量的,因而它有大小之分,与知识和素质的关系极为密切,它是创造力的间接反映。

5.2　创造力的普遍性和可开发性

5.2.1　创造力的普遍性

　　创造力是每一个正常人都具有的一种自然属性。古代就有"人人皆尧舜"的说法,这可谓是"创造人人皆有"的一种朴素思想。当然,人人何以能够成为尧舜,则不是那个时代所能回答的。著名教育学家陶行知在评论"创造"时说,"人类社会处处是创造之地,天天是创造之时,人人是创造之人",他认为创造力是人人皆有的一种能力。

　　多年来的研究充分证明,创造力并不是神秘的、只有少数"大人物"才具有的特殊能力,创造力是每个正常的人都具有的一种自然属性,是人类亿万年来智力进化的结果,它主要反映在大脑的结构功能上。近代研究表明,人的创造力主要蕴藏在人的大脑之中,亟待开发。

　　早在19世纪,生理学家及外科医生就已发现,人的大脑的各个部位具有不同的功能:大脑皮层中央沟前方区域称为"运动区",刺激该区可以引起四肢的运动;视觉区域分布在枕叶距状两侧;身体右侧的感觉通过神经传递给大脑左半球,左侧的感觉则传递给大脑的右半球等,由此逐渐形成了与此相关的"特殊定位说"。根据这一看法,人们认为大脑左半球上集中了占主导地位的逻辑和语言中枢,它管理着人的右侧身体与右手活动,因而被称为优势半球;相反,大脑右半球一直被认为缺乏高级活动功能,它只管理身体左侧及左手的活动,故称为劣势半球。

　　20世纪80年代,美国加州理工学院心理学教授斯佩里通过研究,进一步阐明人脑的左半球除具有抽象思维、数学运算及逻辑语言等各项重要技能外,还可以在关系很远的资料间建立想象联系,在控制神经系统方面人脑的左半球也很积极,起着主要作用。同时,他还发现并纠正了过去对人脑右半球的低估,他发现人脑右半球也同样具有许多高级功能,如对复杂关系的理解能力、整体的综合能力、直觉能力、想象能力等;此外,它还被证实是音乐、美术及空间知觉的辨识系统,因此人的右脑蕴藏着很大的潜力。

　　根据斯佩里的研究,大脑右半球承担着形象思维、直观思维功能,并具有掌握空间关系和艺术认知的能力,因此,右脑被认为是创造的脑,它主要通过直观思维和想象思维进行创造性思维与创造活动。后来,在利用放射性示踪原子研究确定大脑区域血流量多少时发现,当遇到新问题时,放射性示踪原子密集的区域就是创造性解决新问题的脑区。大脑工作状况的照片清楚地表明,创造性工作主要是由右脑承担的。然而,过去人们一直注意左脑的使用和训练(从功能看),右脑的使用则很少,尚处于待开发状态。因而,现在有人提出"开发右脑"是提高人创造能力的一项措施。人们的右脑尚未开发或较少开发,这是每个人都具有的巨大潜力,据此人们编制了各种开发右脑的健脑体操,重视如何恢复、启用左手的各项活动,从而锻炼右脑,以增强人们的创造能力。

由上可知,从人的生理方面来看,创造力确实是人类普遍存在的一种自然属性并蕴涵着巨大的潜力。

5.2.2 创造力的可开发性

创造力虽然是人脑的普遍属性,但是每一个人的创造力并非在任何情况下都能够自由地表现出来。事实证明,创造力可以蕴藏在人脑中几年、十几年甚至几十年之久。所谓的一些"无创造力"的人,其实他们并不是真的没有创造力,只是其创造力没有得到应有的开发,没有转变为显性的创造能力而已。人们的创造力是可以通过专门的学习或训练,通过创造教育的实施而被激发出来的。

美国的梅多和帕内斯等人曾在布法罗大学通过对 330 名大学生的观察和研究发现,受过创造教育的学生在产生有效的创见方面与没有受过这种教育的学生相比,平均可提高 94%;另一项测试表明,学完创造课程的学生与没有学过这类课程的学生相比,前者在自信心、主动性以及指挥能力方面都有较大幅度的提高。

"神仙本是凡人造"这句古话道出了一条颠扑不破的真理:创造力是人类普遍具有的才能。所谓"行行出状元"也说明人的创造力是可以进行开发,可以通过学习、训练而被激发出来并逐步得到提高的。

5.3 创造能力的培养

人们必须毕生能够像孩子那样看世界,因为丧失这种视觉能力就意味着同时丧失每一个独创性的表现。

——马蒂斯

5.3.1 观察能力

你能立刻说出到你上课的教室总共爬了多少级楼梯吗?

你能画出你所在城市的所有公交车站的外形草图吗?

你曾尝试过从一个小动物的视角来观察你的家、宿舍、庭院吗?

你能立即画出你所在学校的校园平面图吗?

你能描述出家中所用盘子的装饰花纹吗?

你能描绘出最令你记忆犹新的一次日落吗?

……

这样的问题还可以提出很多,当你无法立刻回答时,你是否意识到自己的双眼原来忽略了身边的许多东西呢?

的确,观察能力不仅对我们创造力的开发有不可估量的作用,它也是人们认识客观世界的开始。人具有各种敏锐的感觉器官和发达的大脑,客观世界中的各种现象和复杂的事物就是首先通过这些感觉器官被人们所感觉和觉察,然后逐步被人们认识,进而才能被人们改造和利用。观察也许是很普通的行为,但意义重大。"观察"来自拉丁语 noscere。这一拉丁词派生出姐妹词——知道(knowing)和认识(cognizance)。知道——这一具有巨大潜能的人类神秘能力——是注意的秘密蓄水池。"注意"也来自拉丁语,意为"伸展",注意是人们积极拓展自身的行为。

观察是有一定目的的有组织的、主动的知觉。全面、正确、深入地观察事物的能力称为观察能力。在提出"如何观察事物"这个问题之前,首先看看影响观察的几个障碍,学会克服这些障碍,也就能学着如何观察事物了。

1．习惯了周围旧有的刺激因素

人们受到视觉刺激及其他刺激的冲击时,为了观察不得不除去大部分刺激,只选择一小部分自给因素,并加以组织,而不是观察所有的东西。然而,一旦对生活有了固定的看法,便墨守成规地接受了现实,很少努力再去认识已被忽略的刺激因素所存在的可能价值。只要旧的刺激因素仍有作用,就不愿去发现新的刺激。人们进行的只是隧道式的观察。这种观察提供的只是眼前的沟槽型场景,却限制了人们对周围世界的观察。

罗格·冯·厄克在他的一个小故事《顿悟》中讲述了有关观察力方面的事情:"以前有一位印度医师,他的职责之一是为他的部落制作狩猎图。当猎物数量下降时,他就在太阳下放一块新鲜的牛皮,并把它晒干。然后把它折叠一下并在手中搓揉,对它说一些祷词,然后弄平它,这个皮革马上就布满了交叉的条纹褶皱。这个医师就立刻在这张皮上制作一些基本参考点,一张新地图就完成了。当猎人沿着地图上新画出的路线打猎时,常常会发现大量的猎物。通过随意用皮革上的皱纹来代表打猎路线,他指导猎人们去他们以前从未到过的地方。"

这个故事告诉我们,经常改变看事物的方式,能够对既有的事物产生新的更复杂的理解。哲学家詹姆士认为:"事实上,天才仅是以非习惯的方式去理解事物。"

2．熟悉所造成的文字概念

画家莫奈说过:"为了观察,我们要忘记我们所观察的事物的名称。"人们在孩提时代,主要是以图画而不是用文字方式进行想象的。上学后放弃了图画想象法,学习比直接感觉经验更为重要的基本分析能力(即读、写和算的技能),越来越少地依赖于产生视觉想象的大脑神经。到了三四年级,许多人再也不认为图画是非常重要的了;人们不再是自由地想象事物,而是给事物下文字定义。成年后便十分熟悉这一方法,对所看到的一切事物都急不可待地加以分类。人们排除了视觉观察,很少发现每个事物的多面性。正如弗兰克指出的那样:"依靠这些定义,我们认识了每件事物,而不再是观察事物了。我们只相信酒瓶上的标签,而从不注意去品尝酒的滋味。"

如果你看到了一株蕨便说:"是的,这是一株蕨。"这样便是没有透过人人熟悉的蕨的原有名称进行观察。但是,假如真正观察,就会注意到蕨的三角形、每片蕨叶的纤维、各种绿色的色调以及随风飘动的舞姿。如近距离地再去观察,则看到的不再是蕨本身,而是超脱蕨之外的事物——此时的蕨已转变成贯穿整个背景的朦胧绿雾。直到此时,你才发现蕨的一般意义所不能表达的形状和内在美,同时体会到看与观察之间的区别。

3．习惯性的知觉定式

图 5-1 是一个女人的肖像,你能看出她的年龄吗?很多人很快就发现这是一个少女的头像,而实际上,只要换个观察角度,就能发现这幅图画也可看成一个六七十岁的老太婆。出现这种单一的观察结果就是知觉定式造成的。在观察中,因各种错觉而影响创造的事例是很多的。

因此,为了保证观察的正确,一是要注意消除错觉的影响,注意消除先入为主而产生的知觉定式;二是要注意坚持观察的客观性、细致性、全面性和重复性,还要注意观察对象的代表性;

三是应该及时注意并抓住偶然发生的意外现象,特别是一般人所容易忽略的地方更要加以仔细观察,观察时始终带着"是什么"和"为什么"两个问题,以提高自己的观察能力,激发自己的创造力。只有在正确思想、专业理论及创造性思维的指导下,观察才会成为创造的源泉。正如爱因斯坦所说的那样:"能不能观察眼前的现象,取决于你运用什么样的理论。理论决定着你到底能够观察到什么。"否则,就会如同歌德所讲的那样:"我们看到的,只是我们知道的。"从而很难从观察中作出创造性的判断。

图 5-1　习惯性和知觉定式

观察分无意观察和有意观察。有意观察并非易事,但对有意观察的训练,却能有效提高洞察力的敏锐性,使受训者更容易觉察到别人所不能觉察的事物,从而抢先搞出优良的创新。可以尝试以下几种方法来提高有意观察能力。

第一种方法是开拓思路。开拓思路是从多角度观察题材从而建立该题材的大量信息的一种观察方法。

马蒂斯说过:"'看'在自身已是一种创造性的事业,需要不懈的努力。"每个人在观察和认识事物的时候都会有自己的盲点,也就是他所看不到的地方。因为每个人头脑当中都有自己固定化的思维模式。符合这种习惯和模式的事物,人们对它的认识就十分清楚;而超出这个习惯和模式的事物,人们往往加以忽略。每个人的认识和目光都像一只手电筒,它仅仅照出一个光柱和一个圆圈,而在光柱和圆圈之外的事物,就被忽略了。要避免这种观察的盲点,就需要开拓思路,从多角度观察事物。

对于开屏的孔雀,设计师观察它收叠羽毛的方式,设计出折叠扇(图5-2);美术工作者观察它羽毛的色彩、花纹,提取到许多构成的色彩和纹样搭配;舞蹈家观察它活动的姿势,抽取出舞蹈的动作原型……凡此种种,如果站在不同角度去观察对象,努力思考、联想,就会获得无穷的收获。

图 5-2　受开屏孔雀启发设计的折叠扇

固定的思维视角就像戴上了一副有色眼镜,使得眼前的世界都与眼镜片的颜色相同。尽量多地增加头脑中的思维视角,学会从多种角度观察同一个问题,就能打开眼界。如果头脑中的有色眼镜确实无法摘除,那么可多准备几副有色眼镜,轮流戴上来看世界。

第二种方法是提高注意力。注意力就是对一定事物的指向和集中。由于这种指向和集中,人们才能够清晰地感觉和认识客观存在的某一特定事物,而隔离开其他事物。

经常对许多事物都较注意的人,往往被认为比较敏感;而对任何事物都不足以引起注意的人,则往往被认为是麻木不仁和迟钝的。要提高自己的创新观察能力,必须使自己对事物比较敏感。

一位教授曾做过一个实验,他给班里的 30 个学生每人一个水蜜桃,让每个学生仔细观察自己的水蜜桃。然后,他将水蜜桃收上来,放在一个纸袋里,轻轻晃动后再打开。他让同学们辨认自己的水蜜桃。在日常生活中,你有没有多次运用同样的方法检测自己的注意力呢?

注意力与人的兴趣有很大关系。兴趣是指人们力求接触、认识某种事物、研究某种对象的心理特征。兴趣可以促使一个人善于发现和思索问题,从而创造性地解决问题。因此,有人把兴趣比喻为成功的胚胎、胜利的幼芽。一般来说,兴趣是人人都有的,但各人的兴趣对象差异很大,即使同一个人,随着时间与地点的变化,其兴趣也是变化的。因此,对于开发创造力来说,首先应该培养广泛的兴趣,在其基础上及时确定某一中心兴趣(或称专一兴趣),并以它为起点连续进攻,有意识地在理性指导下把专一兴趣上升到追求的高度、理性的高度,这样,兴趣才会对开发创造力具有真正的促进作用。

一些大科学家、大发明家的兴趣都是比较广泛的。比如,爱因斯坦、海森堡、波恩和普朗克都酷爱音乐,居里夫人爱好旅行、游泳和骑自行车,巴甫洛夫喜欢读小说、划船、游泳、集邮和种花等。广泛的兴趣是可以培养的,专一兴趣是需要认真选择的。但是,兴趣如果不上升到一定层次的高度,总停留在"感兴趣"的低级阶段,那么它对于创造、成功所起的作用就不会很大。非专一兴趣、未上升到理性高度的兴趣是不稳定的,久而久之,特别广泛而不稳定的兴趣反而使人显得朝三暮四、难以成功。作为创新者来说,必须培养自己的广泛兴趣和爱好,不能仅对范围很狭窄的事物感兴趣。一个优秀的创新者,很重要的是思路要宽广,想象力要丰富,只有这样才有利于创造出比较多的新奇事物。

好奇心与注意力的提高也有很密切的联系。好奇心通常是由力图弥补已有知识与未知领域的差距而产生的。研究表明,几乎所有的发明家对于事物都具有独特的好奇心。爱迪生从小对什么都好奇,人们熟知的爱迪生孵蛋的故事就可生动地说明这一点。有了对事物的好奇,才能提出各种问题,才能激发思考,从而才有可能步入创造境地。大量事实足以证明莱辛的一段颇富哲理的话:"好奇的目光常常可以使一个人看到比他所希望看到的更多的东西。"爱因斯坦曾说过,他一生到老始终保持着 5 岁发现指南针时的好奇心,这使他一生作出了许多重大贡献。因此有人说,好奇心是科学创造的出发点和原动力,这话确实有一定道理。

心理学告诉人们,好奇心是人的一种天性,小孩子都具有强烈的好奇心。然而,由于人们往往错误地将好奇心与"无知"强扭在一起,从而使可贵的好奇心受到了挫伤,再加上经过长期的传统教育,随着知识的增长反而使许多人不同程度地丧失或减弱了孩童时代对事物的好奇。从这种意义上说,传统教育在一定程度上扼杀了人们的创造能力。所谓开发创造力,在某种意义上讲就是恢复并升华人们的好奇心。

第三种方法是不断扩大自己知识的范围。知识与观察能力有密切的关系,知识越丰富,观察能力越强,知识贫乏的人所能观察到的东西非常有限。面对同样一个问题,具有某种知识的人可能从他们具有的知识范围内观察到解决问题的办法。总之,一个人知识的范围也就是能观察到的事物的范围,知识的深浅也就是能观察到的问题的深浅。知识是观察能力的基础(图 5-3)。

图 5-3 手机

5.3.2　洞察能力

观察力与洞察力的质量对创造力的发挥起着举足轻重的作用。观察是仔细察看客观事物或现象，观察的目的是为了洞察和破译现象中潜藏的创新价值。创造力的发挥遵循输入决定输出的基本原理。观察与感知是认识中信息输入的起点和创造性思维的基础，在此基础上培养起来的观察感知力与洞察力是创造力的信息通道和信息触角。只有培育敏锐、全面、深刻、科学、多维的观察感知力和洞察力，才能掌握丰富的感知材料，捕捉并洞察其中潜藏着的价值，从而为创造性思维提供高质、高效的知识与信息养分。缺乏洞察力的观察必然是熟视无睹、视而不见的无效观察。具有洞若观火般的观察，才是创造力培育对观察感知力培育的要求。高效观察是全身心感知和洞察力相结合的复合式观察。

以表的设计为例，市面上的表一般有两种：数字式和指针式。数字式手表是在指针式手表以后出现的一种新表，为什么它始终不能独霸整个手表市场而成为手表更新换代的产品呢？分析两者的特点，发现数字式手表具有显示时间直观、可附带其他功能的优点，但调整时间比较麻烦，与指针式手表相比，其最重要的缺点在于它的非可视性，即不能直观地看出部分时间占整体时间的比例。而指针式手表不愧为这方面的经典设计，加上其凝聚了悠久的"表"文化的历史，使得指针式手表给人高档、精致、有内涵的良好心理诉求，因而一直可以争得半壁江山。仅从一块表的观察中，可以体会到洞察力的作用，设计师应具备敏锐的、超乎一般人的感受力和洞察力，这需要一种透过现象抓住本质的睿智，一种前瞻性的远见与对"人"深层的关怀和对生活的真诚体验。

5.3.3　发现能力

发现能力对于设计师创造力的开发非常重要。如果设计师不具备从平凡的生活中发现问题的能力，对周围的一切熟视无睹、麻木不仁，又怎能找到设计的突破口呢？因此，发现能力是体现设计师对事物敏感性强弱的重要标志之一。

发现能力又可细分为发现问题的能力、发现异同的能力、发现可能的能力和发现关系的能力等。

1. 发现问题的能力

一切创造都始于问题，没有问题就不需要创造。一个创造者应该经常能在一个普通的理论、事物或产品中发现大量的问题，包括已知的问题和未知的问题、细小的问题和重大的问题、理论上的问题和现实中的问题，以及现象的问题和本质的问题等。有意识地发现问题，在很大程度上应特别着眼于人们普遍认为已经解决的问题，甚至在认为根本就不存在问题的地方或方面去发现问题。创造活动的实践表明，越是在这样的地方往往越是隐藏着一些尚待深化认识的问题，只要人们认真地、创造性地挖掘，往往能发现许多看似平常实则富有深意的闪光点，抓住这个点，创造性地解决问题，就能获得意想不到的成功。设计的目的是满足人们的需求，但有很多需求因为不是很紧迫或很重要，常常被人们忽视，设计师应该比普通人具有更敏锐的感悟力，能够看到别人看不到的问题。同样看到的是各种电器和接线板的电线，一些人无动于衷，一些人却发现凌乱的电线给人的生活带来了不便，虽然这种不便并不是很突出，但他们设计的积木插座(图 5-4)和线龟(图 5-5)却让人由衷地感到了设计师对人的关注。花瓶是生活中再普通不过的器皿了，但是不是碰到过家中现有的花瓶并不适合插上朋友刚刚送来的鲜花的情况呢？于是有的设计师抓住了这一点，设计了可调节高矮的花瓶，这样，就不必为没有合适的花瓶插上鲜花而苦恼了。为解决随身携带和取一定数量药片的问题,敏感的设计师创造了特制的药盒(图5-6)。由此可见,观察—发现问题—深入思考—解决问题,对于设计师来说是很重要的一项能力。

图5-4 积木插座

图5-5 线龟

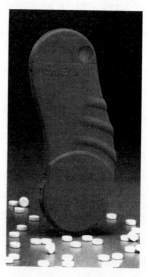

图5-6 储药盒

图5-7是日本设计师福田繁雄设计的招贴,它很好地运用了异质同构的原理。图5-8是小天鹅集团设计的招贴,它将天鹅头与曲线板巧妙结合,突出了招贴的主题——美的标准。

图5-7 福田繁雄设计的招贴

图5-8 小天鹅集团设计的招贴

2. 发现异同的能力

这种能力是指创造者在相同的事物中善于发现其不同所在,而在不同的事物中又善于发现其相同之处的能力,即所谓同中求异、异中求同的一种能力。

同样是灯具的设计,可以有多种设计选择。一种是天鹅,另一种是飞机,设计师克拉尼找到了二者的相似之处,设计出极富幻想色彩的飞行器。日本设计师汤川秀树曾在日本《创造》杂志创刊号上发表"定同理论",认为找出若干事物之间彼此相似的求同能力可以产生创造性。人们不难发现,诸如细胞学说的建立、控制论的问世以及仿生学的诞生等,从某个角度来看都是异中求同的创造结晶,许多规律、定理、公式的发现,都与创立者异中求同的发现能力密切相关。总之,经常发现事物的异同是开发创造力的一个重要途径。

3. 发现可能的能力

一个客观事物的出现和变化绝不仅仅是与单一的因素有关的,所以,对于任何一个事物都要尽可能多地发现与其相关的可能性。一般人往往只满足于获得某个问题最大的可能或一个正确的答案,而不再对其他的可能和答案作深入细致的研究,这就封闭了自己的思路,束缚了自己创造才能的发挥。须知,客观世界是极其复杂的,一个事物中所包含的可能因子十分丰富,因此,要开发创造力、进行创造活动,就应该尽力挖掘事物众多的可能。一个重大的发明创造成果,当初或许恰恰就在人们认为"不可能"或"极少可能"的地方出现,这已为大量的事例所证实。因此,创造者在创造活动中绝不要轻易相信所谓的"不可能"。创造,在某种意义上讲就是要在不可能中发现可能,要敢想,要有孩子般的热情。

4. 发现关系的能力

不同事物之间往往存在各种各样千丝万缕的关系,但由于种种原因,这些关系并非一眼就能被识别。比如,人们常说的因果关系就是十分复杂的:同一种原因可能引起不同的结果,同一种结果也可能由多种不同的原因所致。善于发现事物内部关系的人的创造能力可以得到发挥。例如,铅笔与橡皮是各自独立之物,发现它们的密切关系并把它们组合成带橡皮的铅笔以后,即成为一项利润很大、风靡世界的发明创造。又如,钢笔和马似乎也没有什么关联,然而富于创造性的人在马的瓷器装饰品上插上了两支钢笔,结果成为一种既美观又实用的新产品而畅销于市场;在灯泡上插两只翅膀,化腐朽为神奇(图 5-9)。可见,善于发现不同事物,特别是表面看来毫不相关事物之间的联系,是开发创造力的又一个重要方面。

图 5-9　插上翅膀的台灯

5.3.4　想象能力

美国科幻电影《第五元素》里描述的未来城市的公共交通系统已不是二维平面体系,而是多维空间格局——各种各样的汽车在不同的高度水平"飞"奔。这多么不可思议!可仔细想想,如果城市里的汽车真的能这样行驶,那么现代城市交通堵塞的困境是不是就可以缓解了呢?如今,能在空中跑的汽车已经设计制造出来了,电影中离奇的想象变成了现实,现在你还敢小觑想象的力量吗?

想象是新形象的创造。想象在创造活动中的作用是极为明显的,从某种意义上讲,没有想象就不会有创造。心理学研究表明,想象力是人人都有的一种能力。如图 5-10 所示,每个人都能识别出画面的意义是一位姑娘的美丽舞姿。然而,仔细看这个画面就会发现,有很多线条彼此都不相连,正是由于想象的作用才把这些分离的点、线连成了完美的整体,这就是每个人都具有想象力的最简单的证明。

每个人在童年时代都是极富想象力的。鲁迅说过:"孩子是可以敬服的,他常常想到星月以上的境界,想到地面下的情形,想到花卉的用处,想到昆虫的言语;他想飞上天空,他想钻入蚁穴。"正是由于这一点,孩子的创造能力有时不比大人差,他们在创造过程中知识和经验不足的缺陷往往可以通过想象力的天真发挥而得到一定补偿。也正因为此,一些创造学研究者认为,所谓开发一个人的创造力,从某种意义上说就是帮助他恢复孩童时代敢于想象、富于想象的能力。爱因斯坦对想象力做过极高评价,他说:"想象力比知识更为重要,因为知识是有限的,而想象力概括着世界上的一切,推动着进步,并且是知识进化的源泉。"

由此可知,一个人要开发其创造力,从某种意义上讲就是培养和训练其想象力。那些认为只有诗人才需要想象力的看法是极为片面的。从创造的角度看,只要人们进行创造活动,就一定离不开想象。科学的想象往往是科学发展的先导。大到开普勒的行星运动三定律、拉瓦锡的氧化学说、普朗克的量子理论和魏格纳的大陆漂移说,小到对一个答案的猜估、一场轰动的演讲、一道习题的新解和一支圆珠笔的改进,无一不是以创造性想象为开路先导,任何发明创造离开了想象都会寸步难行。

5.3.5　记忆能力

图 5-10　想象能力

记忆是人们对经验过的事物能记得住并能在以后再现(或回忆)或在它重新呈现时能认得它(再识)。记忆能力就是指记住经验过的事物的能力,即再现或再识经验过的事物的能力。经验过的事物包括觉察到的事物、读过的书、得到过的信息和知识、从事过的活动、思考过的问题、个人曾有过的心理和情绪等。

再现就是把以前经验过的事物特征及事物间的联系通过回忆重新呈现于脑海里。再识就是以前经验过的事物如果又一次出现于眼前时能够认得它。

记忆能力对设计创新活动有相当重要的意义,任何创新活动如果排除记忆都是不可思议的,因为任何一种创新活动必须以所记得的经验过的事物为基础。设计中很重要的一个环节就是能够激活头脑中已存储的大量信息因子,这就客观上要求设计师先储备这些相关的信息,这当然需要记忆来支持。进一步讲,正是由于有记忆能力,才能保持过去觉察和认识的成果,并使当前的觉察和认识在以前觉察和认识的基础上更广泛、更深入、更全面地进行。也正是由于记忆,才能使人们不断地积累经验和知识,为创造新东西准备更充分的营建材料。

人人都有相当大的记忆潜力,充分挖掘和发挥记忆潜力是提高记忆能力之本。记忆众多的事物是丰富经验、增加知识的重要途径,因此它是提高创新能力的重要方面之一。但必须首先深知,记忆在绝大多数情况下需要付出非常艰苦而繁重的脑力和体力劳动,比如读书、学习、经常画速写等。

不能否认,记忆同任何事物一样,也有一定的方法,掌握这些方法,有助于记忆能力得到很大的提高,可不太费劲地记住更多的事物。这里仅列举几种常用的记忆方法。

1. 强烈刺激记忆法

前面已经叙述过,有强烈刺激的事物比较容易识记和保持,特别是新鲜事物或有重要意义的事物的首次刺激,因此要特别重视新鲜事物对大脑皮层的首次作用,比如在看一本书时第一遍要特别认真。这种方法适用于记忆某种新理论和定义等。

2. 并用记忆法

这种方法是在记忆某事物的时候,使眼、耳、手、嘴等感觉器官同时工作,使大脑处在积极、综合的运动状态。这种方法特别适用于记忆外语单词。

3. 争论记忆法

与别人就某个问题进行善意的争论和讨论,使大脑高度紧张,加深印象,清晰识别。这种方法对纠正记忆错误,巩固记忆特别有效。

4. 趣味记忆法

发掘事物的特征或有趣的地方,使大脑产生兴趣和联想。这种方法适用于记忆年代、历史人物以及公式和符号。

5. 归纳记忆法

对不同的内容进行分类和整理,理清大脑的记忆线条。这种方法适用于记忆广泛而且有联系的内容。

6. 自编提纲记忆法

阅读一本大部头著作时,按不同逻辑内容编成提纲,能起到减轻大脑记忆负担的作用,适用于记忆某种学派的思想。

以上方法是根据记忆的一般规律总结出来的,并得到了实践的证明。设计师需要广博的知识,记忆可以帮助达到这一目的。

5.3.6 联想能力

联想是由一件事物想到另一件事物的心理过程。由当前的事物回忆起有关的另一件事物或由一件事物又想到另一件事物都是联想。

客观事物总是相互联系的,它们反映到人脑中也是相互联系的。联系的客观事物的刺激首先在大脑皮层中形成各种暂时的"痕迹",这些痕迹在一定的条件下可以"复活",在脑中反映出事物本来的联系状况。联想就是使客观联系的事物在人脑中形成的联系"痕迹"复活起来,反映事物本来的联系状况。所以巴甫洛夫把联想称为"主观现象间的联系"。创新思维中的联想则不但使这种主观现象联系"复活",更重要的是从中引出新的东西。

使人脑中所留下的各种客观事物的联系"痕迹"复活的能力叫联想能力。创新联想能力则是联想能力加上由联想引出新事物的综合能力。由此可以看出,联想虽然是回忆的主要表现形式,但联想不等于回忆,联想主要是为了复活主观现象的联系。

联想能力,特别是创新联想能力,是非常重要的创新能力。联想能力越强,越能把自己的有限知识和经验充分调动起来加以利用;联想能力越强,越能把与某种事物相联系的成千上万事物都联想到,取之所用,大大扩大创新思路;联想能力越强,越能联想到别人不易想到的东西;联想能力越强,越能应用边缘学科知识以及其他领域的知识。

日本建筑大师矶崎新从委拉斯开兹的油画《宫廷侍女》(图 5-11)获得灵感,创造了后现代建筑的代表作——日本筑波中心大楼(图 5-12)。

几乎每一次创新都有联想的过程,就连那些充满神奇色彩的靠直觉和灵感所得到的创新也无不以充分艰苦的联想为基础。没有联想思维,创新活动几乎无法进行(图 5-13)。

图 5-11 油画《宫廷侍女》——委拉斯开兹

图 5-12   日本筑波中心大楼

图 5-13   克拉尼设计的飞机

人们由一件事到底能联想到多少事,联想发生、发展的过程如何,都是相当复杂的问题。有人这样形容,若平均由一件事或一件想到的事能联想到十件其他有关的事,那么第一步可联想到十件事,而第二步就可联想到一百件事,第三步就可以联想到一千件事,第四步就是一万件事,实际上还不止这样,因为还存在交叉联想,因此联想的发展过程可以比拟成复杂的网状。

由一件事进行联想时究竟能联想到什么,先联想到什么,后联想到什么,与每个人的具体情况有关,也与客观事物之间的联系及对人的刺激情况有关,与每个人有关的因素主要是知识范围、任务、兴趣、爱好、联想能力等。客观事物本身的联系对联想的主要影响因素是事物之间的联系状况,如关系如何、相近、类似、相反等。事物的联系对人的刺激状况主要取决于刺激的强度、刺激的时间长短和次数、在人脑中两件事物的联系形成的时间等。

客观事物之间的联系对联想的影响也很大。无疑,若两件事物联系比较密切,在联想时就很容易由一件事联想到另一件事。心理学家依据事物之间的不同联系而形成的各种不同的联想分为以下五种情况。

(1)接近联想。空间或时间比较接近的事物在经验中容易形成联系,因而容易由一事物联想到另一事物。如看到工厂水坝很容易联想到水力发电,这是由于这些事物之间的空间距离比较接近的缘故;提到早晨就很容易想到初升的太阳及露和霜等现象,这是因为这些事物几乎都是同时出现的。

(2)类似联想。由一件事联想到与其有类似特点的事物叫类似联想。如由飞机联想到飞鸟,由中国的故宫联想到法国的凡尔赛宫等。

(3)对比联想。由一件事物联想到与其对立的另一件事物,如由光明联想到黑暗,由扩大联想到缩小,由集中联想到分散等。

(4)因果联想。由一件事物联想到与其有因果关系的另一件事物,如由火联想到热,由寒冷联想到冰雪,或由热联想到火,由雪联想到冷等。

(5)从属联想。由一件事物联想到与其有从属关系的事物,如由整体联想到部分,由部分联想到整体,由汽车联想到发动机,或由发动机联想到汽车等。

以上所叙述的五种联想都是比较容易进行的,因为这些事物都具有关系比较密切的特点,所以联想的时候这些类型的联想往往容易首先呈现(图 5-14~图 5-16)。

比较困难的,也是衡量一个人联想能力强弱的重要标志的是称为"遥远联想"的联想。遥远联想就是由一件事物联想到与其关系非常疏远的另一些事物,如由机床联想到天空,由汽车联想到牛奶等。

图 5-14　音箱

图 5-15　咖啡壶

图 5-16　酒瓶架

联想可以把两个非常不相干的事物联系起来。比如,我们可以四步从机床联想到天空:机床—工程师—坐飞机出差—天空。但是应该指出的是,之所以能够四步即可由机床联想到天空,是由于预先确定了联想的指向和终点,若没有这个预先确定的指向和终点,而由机床这个概念进行自由联想,要联想到天空恐怕就不止四步了。由此可知,在自由联想时有意识地确定一些联想的指向和终点事物,对于提高联想速度和联想能力还是有一定效果的。

增强联想能力的方法,首先是增加知识和经验,其次是采用合理的联想方法,方法合理可以避免人们杂乱无章、支离破碎地乱想。另外,很重要的是平时多注意不要单独孤立地觉察事物本身的特性,要注意事物与事物之间的联系,并记住这些联系,不但要注意同时和同地发生的事物之间的联系,还要注意当前的事物同已往的事物的联系,要注意所遇到的事物与自己的经验和知识的联系。

平时对觉察到的一些事物,哪怕是些很不相干的事,要注意分析它们的共同点,要想法找出它们的共同点,如天空、海军制服、多瑙河,它们的共同点虽然很难找到,但若认真寻找就可发现,如它们都是蔚蓝色的。现在电台娱乐节目里即兴的智力问答,就是考察被试者的联想能力和知识广度的。

平时考虑问题时,要注意锻炼由一件事物尽可能多地联想到其他事物的能力,如考虑普通的钉子的用途时,不但要考虑它能把两块以上的木块连接在一起,而且还有许多其他的用途,如可以固定东西,可以防身自卫,可以当旋转体的小轴,可以弯曲当钩子,可以把许多钉子钉到一块板上用其尖端梳毛等。

5.3.7　分析能力

简单地说,分析能力就是通过思维认识事物各方面特性,特别是认识事物本质的能力。

在创新活动中只具有较强的觉察、记忆和联想能力是远远不够的,就智力结构而言,只是这三方面能力较强的人往往只能称得上“百事通”,而不会有较强的解决问题能力和较强的创新能力。

创新活动的根本问题在于寻求解决问题的新方法及创造发明新事物。就创新活动的整个过程来看,包括觉察需要、找出关键问题、提出最佳方案及最后实现。如果对事物没有较强的分析能力,则哪一步也不能很好地完成。

觉察事物,甚至是洞察事物,尽管在其过程中也包括思维,但其主要还是对事物的感性认识是比较直观的,往往只能觉察到事物的一些表面现象,而了解不到事物的本质,尤其是对一些较复杂的事物、宏观事物或微观事物,如果不通过思维进行认真的分析研究,是无法认清这些事物的特性和本质的(图 5-17,图 5-18)。

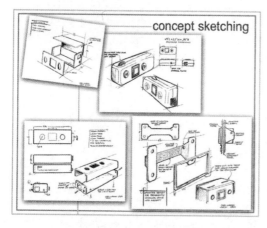

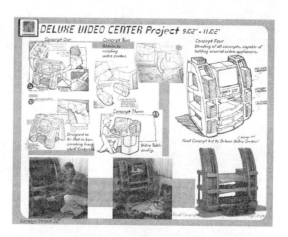

图 5-17　设计分析(1)　　　　　　　　　图 5-18　设计分析(2)

只有通过对事物的认真分析研究,人们才可能认识那些没有直接作用于人的感觉器官的种种事物、事物的属性以及事物之间本质的联系,从而才有可能改造它或利用它。例如,人不能直接感知光的运动速度,但通过实验分析研究可以间接推算出光速为每秒钟 30 万千米,而对每秒钟 30 万千米的速度的含义是通过能直接感知的运动的媒介来掌握的,30 万千米可以分成 30 万个 1 千米,人对 1 千米是可以直接感知的,人对 1 秒钟走 1 千米的速度也可以由 1 秒钟走 5 米、10 米的速度的递加来理解,人们正是这样靠着对外界对象在思想中的不断分割和不断综合来直接感觉领域以外的东西的。

尽管分析问题与觉察、认识、经验、知识等都有一定的关系,但是分析问题主要还是与思维有关。其分析的本质由思维决定,因此分析能力主要是指思维能力而言。分析能力主要表现在以下五个方面:

(1)思维的广阔性,即分析问题、思考问题的全面性,不是片面地看问题,表现在善于抓住问题的广泛范围和各方面的联系,周密细致地分析问题,在不同的知识和实践领域中创造性地思考问题。

(2)思维的深刻性,表现在善于深入地思考问题,抓住事物的本质和规律,能预见事物的发展进程。

(3)思维的独立性,表现在善于独立思考,根据客观事实冷静地考虑问题,而不为他人的观点所左右。

(4)思维的敏捷性,表现为能迅速而正确地发现问题和解决问题。

(5)思维的灵活性,即思考问题时能迅速轻易地把注意力由一类事物转移到另一类事物。思维无惰性、不刻板、不滞涩、不钻牛角尖,容易借鉴各个不同门类的科学知识。不为一种事物的习惯功能所局限,能迅速想到其他许多功能。还表现在能及时舍弃自己的错误观点,吸取别人的正确观点和新观点,容易接受新事物。

为了说明如何提高分析事物的能力,下面着重说明分析问题时思维的一般方法和过程。

人们分析问题时一般遵循分析、综合、抽象、概括,最后形成概念或结论的过程。这里所说的分析只是在分析研究问题过程中思维的方法和步骤之一。

分析就是在思维中把事物分解成各个部分、阶段、方面,或把事物的个别特性及同其他事物的个别联系等区分出来,获得对事物某些侧面或联系的正确认识。综合就是在思维中把事物的各个部分、阶段、方面及个别特性结合起来,探求其各个部分之间的复杂联系,把事物作为多样性统一的整体再现出来,真正深入事物的本质,把握整个事物的发展规律(图 5-19,图 5-20)。

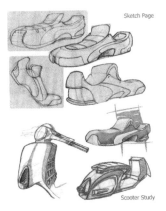

图 5-19　概念草图(1)

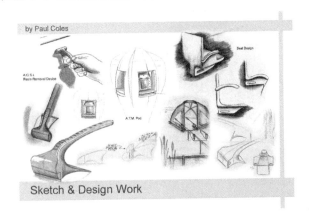
图 5-20　概念草图(2)

在研究事物的过程中,分析和综合从表面上看好像是完全对立的,其实两者既是相互对立又是相互联系、相互依存、相互转化的,因为综合必须在分析的基础上才能进行,综合是被分出来的各个部分的综合,是通过对各个部分进行特性分析才能实现的,若各个部分的分析(研究)不全面、不深入,则综合很难进行,总之没有分析就没有综合。而分析是把部分作为整体的部分进行分析的(任何整体都是由更大事物被分割成的一部分),所以它必然是在某种综合结果指导下进行的,而且是为了新的综合,没有综合也就无所谓分析,分析到一定程度会转化为综合,综合取得了一定结果又会转入进一步分析,分析中有综合,综合中有分析,两者密切交织在一起,始于分析研究问题之首,又贯穿于人们分析研究事物的整个思维过程中,是人们最基本、最重要的分析事物的思维方法和步骤。这种方法广泛地被人们在分析研究问题的思维中有意识或无意识地应用着,人们习惯上把思考问题说成分析问题,也就是这个道理。

通过分析综合,在思想上把不同对象或对象的个别部分、个别特性区分出来往往不是目的,目的是认识事物的本质,进而改造或利用该事物。这就必须通过抽象与概括的思维方法和过程进行。

分析比较复杂的问题时要充分调用自己大脑中储存的各方面知识,要用到几乎所有的思维方法(除分析综合、抽象概括外往往还用到比较分类、推理判断、归纳演绎、联想、想象等)、复杂的情绪、坚强的意志。因此可以说,分析事物是非常复杂的脑力劳动和体力劳动。

不同的人对同一件或同一类事物在相同情况下进行分析研究,分析的速度、分析的结果、产生的概念和看法等往往是不同的,这主要取决于一个人的分析能力。分析能力较强的人,分析问题既快又深刻、全面、准确。

知识是分析研究事物的基础,分析问题时必须以已知的知识、概念和理论为依据,很难设想一个知识非常贫乏的人会有较好的分析能力。小孩子分析问题的能力比大人差,主要是由于他们缺乏知识;诸葛亮之所以能料事如神,是由于他具有非常渊博的知识,如天文、地理、政治、军事、哲学、农业、心理学、文学、神学、医学甚至机械学等。

丰富的知识加上较强的思维能力,是分析能力的坚实基础,而知识积累的重要途径是学习,要不断刻苦地学习前人留下的丰富知识及当代不断发展的新知识。读书上学是学习,实践是更重要的学习,从实践中不但能学到更多的已有知识,同时还能学到书本上没有的知识。

提高分析能力的主要途径是经常主动、积极地分析各种事物,这样才能使分析能力不断通过实践加以提高,不要做思想懒汉,遇事要多分析,一开始可能对一些事物分析不好,特别是对一些较大的事物,但这不要紧,只要能经常分析一些事物,从中找出经验和教训,分析能力将会很快得到提高。

分析问题的方法对提高分析能力也很重要,不采用正确的分析问题的方法和步骤,要使分析问题的效率很高、分析好问题是不容易达到的。分析研究的方法多种多样,这里简要列举一些。

(1) 唯物辩证法。这是现今最正确、最完善的认识客观世界和改造客观世界的方法,因此也是正确分析事物的方法的依据和基础,要提高分析事物的能力,首先应努力学习和掌握唯物辩证法。

(2) 矛盾分析法。这是唯物辩证法的精髓,是唯物辩证分析方法的高度概括,很形象化,容易使人理解和应用。

(3) 系统方法。即应用系统论的方法对事物进行分析研究。它的特点是把要分析研究的对象以一个系统的形式加以分析研究。该方法的着眼点是事物的整体特性,从整体出发研究整体与部分、部分与部分之间的关系,从中揭示事物的本质特征。传统的分析综合法的着眼点一般是事物的组成部分,采用的是由部分到整体的分析方法,如由各个部分的性能和质量的好坏程度来确定整体的性能和质量,局部为因,整体为果,局部决定整体。系统论则认为(实际上也是这样),各个局部都优不一定组成的整体就最优,反之,整体最优不一定要求每个部分最优。

(4) 信息方法。即运用信息的观点(这里所指的信息同平时讲的消息、情报不同,而是广义的信息,即人的感官直接或间接感知的一切有意义的东西),把事物的运动过程看作信息的传递和转换的过程,通过对信息流程的分析、处理达到对某一系统运动过程的规律的认识。与传统的分析研究的特点相比,最主要的区别是它完全撇开对象的物质结构形态及运动形态,把事物的运动过程看作信息的变化过程,在不考虑事物的内部具体物质形态或不打开活体的条件下研究系统与外部环境之间输入和输出的关系。

(5) 动态方法。即运用控制论的方法对事物进行分析研究。控制论以其独特的思想方法彻底改变了当代科学家的思想方法,目前已广泛应用于自然科学和社会领域的许多方面。控制论方法突破了传统方法的束缚,为科学分析研究提供了一种全新的方法。把满足研究对象的功能和动态的控制行为作为研究的出发点,而撇开研究对象的物质和能量因素,认为同一种功能或行为可以用不同的基质和结构来实现,因此像生物、机器及社会等这些不同事物,虽然其基质和结构不同,但功能和行为却有许多相似之处,故可以进行类比,用控制论进行分析。应用控制论方法分析那些结构复杂的系统对周围事物的影响时,只要对其输出与输入进行分析即可进行控制与了解。

总之,不管采用哪种方法分析研究事物,都必须以充分掌握有关该事物的感性材料为基础,包括各种觉察和实验材料,这些材料不仅要充分,而且必须可靠,否则,只从一些个别的、片面的、局部的东西出发,即使分析方法正确,得出的也只能是不全面、不深刻的概念。

5.3.8 分解与组合能力

任何事物都是可以被打散和分解的,同样,任何事物也都是由其他相关事物组合而成的。从这个意义上说,善于组合和分解事物是促进一个人创造力开发的又一重要因素。例如,以派克笔而闻名世界的派克,当初只不过是一家销售钢笔的小店主,他经常想怎样才能创造出更好的钢笔。后来,他采取了打散思考的方法,即把钢笔这一事物分解成笔尖、笔杆、笔帽、造型、材料、吸墨水的方法等,并逐一加以研究,最后以流线型笔杆、插入式笔帽获取专利打入了世界市场,显示出派克极大的创造性。组合能力是把一些表面看来毫不相干的事物组合成一个新事物的能力。

组合能力对于创造力的开发同样也具有重要作用。例如,加拿大人曾把巧克力糖与放大镜组合在一起,发明了一种深受儿童喜爱的带放大镜的巧克力,不仅畅销于欧美,20 世纪 90 年代初也曾打入中国市场。

在平面构成设计上,分解—组合也是从自然界中获取好的创作灵感的方法之一。这里所指的分解,是将完整的自然形态进行分解,找到它的比例美、节奏美、线条美、块面空间美、纹理结构美。通过分解找到各种美的规律、形态、元素,包括形象、色彩、位置、空间关系、结构、韵律等。通过分解将这些自然形态的元素精髓抽象地提取出来,再按照重复、减缺、错位等形式法则进行适当的变异组合,就可幻化出无穷无尽的构成图案。中国建筑的线脚元素(图 5-21)有一部分是由自然形态转化过来的,如三伏云、卷草、雀替、裙板线的结构,还隐约可见自然形态的遗意;埃及的莲花递变和希腊的葡萄与花瓣相结合的造型,也有这种遗意的现象。后来由于制作的科学性、线条形态和比例的规范化,逐步形成了几何结构,这种形态还在今天的建筑造型中不断地变化。原形—分解—组合—构成新的造型规律,已成为建筑设计的特征之一。

分解是深刻认识、理解的方法。

组合是创意进入新境界的途径。

没有方法是盲目的,没有目的是荒谬的,没有变化是僵死的。没有这些,不可能有新的作品,也永远不会进步。

图 5-21 中国建筑线脚

5.3.9 设计表达能力

设计表达是把计划、构思、研讨等意图的发展,通过媒介视觉化的造形,来表达预想过程的方法和技巧。它不仅是设计过程的层次显示,而且还应是设计完成品的展示,是设计师思想、计划的传达、制作、表述等交流的重要语言工具,也是设计师必备的功力之一。

设计表达从类别上分为语言表达(口头)、文字(图表)表达、二次元(平面)表达、三次元(立体)表达、数字化表达等几种方式。在实际工作中,这几种方式相互作用、融合,共同完成设计表达的任务。

语言表达和文字表达是最普通的表达方式,也是设计师所应具备的基本沟通能力之一。设计师要想说服业主,将自己的设计构想付诸实践,就必须具备良好的驾驭语言文字的能力。设计师应能清晰、准确、简洁地表达自己的设计构想,掌握谈话的技巧,充分调动起业主的积极性,为设计的深入奠定牢固的基础。这其实就是一种沟通能力的培养,这种沟通不仅表现在设计师与业主之间,还普遍存在于设计伙伴之间,设计师与管理人员、政府部门以及其他一切与之有关的非专业人员之间。沟通得好,设计就会进行得顺利。

除了语言和文字表达能力,设计师还必须具备专业表达能力,也就是平时训练的平面、立体和数字化表达能力。

平面表达方式主要是手绘设计草图(图5-22)。其特点是技巧性强、灵活、便捷,是设计初期表达思维创意的最佳手段,也是设计师随时记录自己灵感和搜集设计资料的最简便实用的方法。

图 5-22　手绘草图

立体表达方式主要是指模型制作,这种制作可以辅助设计构想的完成。在很多形态复杂的设计中,设计师通过手绘草图已不能很好地把握形态关系时,如果选取油泥或其他简易材料制作草模型,能帮助设计师直观地体会设计构想(图 5-23),分析、比较设计的形态,更容易创造出新的东西。当然,设计模型也可以用来展示设计的最终效果,有的甚至是样机,以便客户更好地评估设计。

数字化设计表达是集计算机辅助设计(CAD)、智能专家系统、多媒体技术、虚拟现实技术(VR)于一体,丰富、多元、虚拟、跨区域、跨国界的立体化表达方式,也是目前运用最广的设计表达方式。数字化设计表达是快速、准确形成概念模型的有力工具,并通过快速成形与制造(RPM)技术使概念设计得以实现。数字化表达也使跨国境的设计协同成为可能,通过互联网,处在世界各地的设计师能同时讨论与发展设计方案,克服了地域的限制。数字化表达中媒体技术的运用以及虚拟现实的日臻成熟,为设计提供了一种崭新的人机交互界面,设计师可以像对待实体一样对待所做的产品模型,从各个角度斟酌其造型,并亲身体验产品的手感、体量等(图 5-24)。

图 5-23　油泥模型

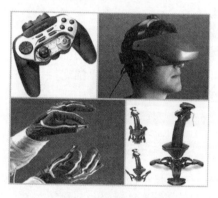

图 5-24　虚拟现实

总之,设计表达具有交流和传播的巨大价值。交流使个性得以发展,传播使设计得到完满。设计与表达是一个不可分割的整体,它能不断激活设计师的设计思维,不具备表达能力的设计师就如同失去了双翼的鸟,永远无法施展自己飞翔的本领。因此,设计师应努力培养自己的设计表达能力,在设计的蓝天下展翅翱翔。

现代设计方法与方法论研究

6.1 设计方法的流派介绍

虽然设计的历史悠久,但却是从 20 世纪 60 年代才开始建立起比较科学的研究系统和理论体系。手工业时代,以师傅带徒弟的经验传授,沿袭着所谓言传身教的传统方法,使设计方法的形成具有强烈的经验主义色彩和偶发性试验的特征,对于设计方法的研究往往由于传承的突发性中断和行业、门类的人为阻隔而显得支离破碎且封闭局限。进入工业化时代,科学技术的发展为设计方法的形成提供了新的测试和辅助手段,教学方法、控制理论等一系列横向科学的诞生为现代设计方法的研究和推广奠定了深厚的基础。1962 年在英国伦敦召开的首次世界设计方法会议以及随后多次举行的有关问题研究探讨会议,掀起了国际性设计方法运动,并逐渐形成了研究方式各异、角度不同的多种流派,极大丰富了设计方法论的研究和运作体系。下面介绍具有代表性和较大影响力的流派。

6.1.1 计算机辅助设计方法流派

该流派以强调客观的科学性和逻辑性为特点,主张积极运用现代最新科技成果和信息技术,对复杂的设计问题进行细致分解,然后借助电子计算机等先进的技术分析手段,将已分解的各基本要素综合、归纳、研究、评价,最终得到完善的设计方案。由分解到综合的过程是一项较为庞大复杂的系统工程,因此要求设计师对设计本身及相关问题的构筑内容有全面认识,尽可能细致入微、全面客观地完成分解过程,并提出各个基本要素的可发展内容,以供综合、归纳以及提取和选择。这一流派中,由于分解和综合的多种多样的方法形式,而形成了各具特色的设计方法。如由罗伯特·克劳福德提出的"属性列举法",以系统论为基础,主张利用属性分解的方法对设计物进行全方位的研讨和评价,他说,"如果问题区分得越小,就越容易得出设想",并认为"各种产品部件均有其属性"。日本产业能率大学的上野阳一依此理论将设计物的基本属性分为名词属性(全体、部分、材料、制造方法)、形容词属性(体积、颜色、形状、性质)和动词属性(功能、使用方式)。在确定设计物以后,首先将其依照这三种属性进行分解归类,逐层逐个地分析各分解因素的现状和可发展内容,寻求其理想的最佳状态和最佳解决方法,然后进行全方位的综合调整,列出多个供选择的设计方案,再回到设计物属性的分析研究中,以取得最终的设计方案。

另外,利用检核表格进行逐项检查的"检核表"法和将产品开发设定成四大范围而逐一研究的

"范围思考法"等也属于这一流派。

6.1.2 创造性方法流派

这一流派注重设计者的主观能动性和创造性的发挥,相对于计算机辅助设计方法,它更加强调设计者个人或团体的学识和经验的积累以及直觉和顿悟的爆发力。该流派最具代表性的是由美国大型广告公司 BBDO(Batten,Barton,Durstine & Osborn)的奥斯本(Alex. F. Osborn)发明的头脑风暴法(brain storming,BS)。

运用 BS 法,与相关会议组合在一起,可取得进一步的拓展,如采用 BS—评价—BS 的形式或采取个人作业—小组 BS—个人作业的组合形式反复进行,这种方法称为"三明治技巧"。

在奥斯本发明的头脑风暴法的基础上,德国鲁尔巴赫发明了书面畅述的默写式激励法——"635 法",日本高桥浩发明了使用卡片集中个人设想的智力激励法——"CBS 法"。日本川喜田二郎的"把看上去根本不想搜集的大量事实如实地记录下来,并对这些事实进行有机组合和归纳"的"KJ 法",以及美国通用电器公司的找出问题点的"缺点列举法"等,均属于这一流派。

6.1.3 主流设计法流派

该流派主张设计中主客观结合,一方面基于直觉和经验,另一方面基于严格的数学和逻辑处理,并提倡为了高效率地解决问题,必须把与设计问题相适应的伦理性思考和创造性思维结合起来进行设计。

约翰·克里斯·琼斯(John Chris Jones)是这一流派的代表人物,他的专著《系统设计方法》和《设计方法——人类未来的种子》是举世公认的设计方法论的经典著作。他提出,设计者在任何场合、任何时候都不应受到现实界限的制约,以开阔自由的思路发挥主观的创造性思维能力,同时,不依靠记忆、记录和与设计有关的情报,而创造出使设计需求与问题求解相结合的手段。依照上述前提条件,按分析、综合、评价三个阶段进行设计。

1. 分析阶段

将全部设计要求以图表形式表示出来,再把与设计相关的问题进行伦理性思考,整理成完整的材料,它包括无规则因素一览表、因素分类、情报的接受、情报间的相互关系、性能方法、方针的确认等内容。

2. 综合阶段

指对性能方法各项目的可能性求解的追求,以及最终以最少的妥协使设计目的完成。综合阶段包括独立性思考、部分性求解、限界条件、组合求解、求解的方法等内容。

3. 评价阶段

评价阶段是检验由综合而得到的结果是否能解决设计问题的阶段。它包括评价的方法和对操作、制作及销售的评价。

在评价阶段所运用的设计方法可分为两种类型。第一类提倡运用黑箱方法(又称黑盒子方法)、白箱方法(又称玻璃盒方法)和策略控制法;第二类是变换视点,采用发散法、变换法和收敛法等设计方法进行设计评价。

黑箱方法是创造性思维方法。琼斯认为,人类创造出的物品均是经过人脑中的"黑盒子"而产生的。帮助大脑的思考,使人更容易产生好想法的技术就称为"黑箱方法"。也就是说,对某一输入功率来讲,能得到与其相异形的大额输出功率的方法,中间过程的筹划、机构与效能等是在暗箱中进行处理的。

白箱方法指在输出和输入功率之间,如同在玻璃盒里一样明确进行处理设计问题的方法。它具有如下特征:

(1) 设计的目的、变数以及设计的价值基准等应在设计前就明确确定。

(2) 在进入综合阶段前已完成分析阶段的内容。

(3) 评价阶段要用逻辑性语言进行。

(4) 在设计最初阶段应决定设计战略,并以此战略为基点进入设计的自动控制环节。

策略控制方法是在确保设计目的性的前提下,依据一定的控制条件,使设计系统达到或趋近被选择状态。它包括利用控制法原理对反馈信息的研究和动态分析技术的应用等内容。

琼斯的设计方法中提出了相应的发散法、变换法、收敛法三种控制方法,以实现对设计的评价。

发散法是运用发散思维进行设计的方法。从不同角度、不同途径全面展开设计内容,如从设计物的用途、结构、功能、形态和相互联系等方面,通过大量的文献调查、实地考查、采访以及团体的智慧组合等形式,突破习惯性思维的局限,取得创造性设想。

变换法是设计师进行创造性构思的方法,注重设计师的主观创造能力。在设计过程中,提出具有创造性的初步构思方案,制定解决问题的方法,画出设计原理图及草图等。变换法的一般表示方法包括四个方面:

(1) 思考的表示。形象的变换(运用创造性的意念,如灵感思维来扩展设计构想的方法)。

(2) 语言的表示。语言的变换(运用口头或文字等语言将构想分类而扩散设计构想的方法)。

(3) 数字的表示。数学变换(追求设想的数量而扩展构想的方法)。

(4) 绘画的表示。视觉的变换(运用草图将抽象思维转换为形象思维来扩展设计构想的方法)。

收敛法是运用收敛思维的设计方法,异中求同,在大量创造性设计设想的基础上,通过分析、综合、比较、判断而选择最有价值的设想。琼斯认为,收敛是把发散、变换后而扩大的领域和方向集中综合的过程,发散是尽可能地找出设计问题,变换是找出具体的解决问题的方法和图样,收敛则是从中找出一条通向设计目的的最佳途径。

琼斯的设计方法解决了设计师的个人思考和主观创造意识与客观的情报分析和逻辑性判断评价之间的结合协调问题,将主观能力与逻辑性思考融为一体,并以此为基础,产生创造性的设计方案。

除了以上介绍的三种流派以外,还有参与设计法、技术预测法、优化设计法、模拟设计法、可靠性设计法、动态设计法等多种方法形成的不同内容的流派体系。对于具体的设计活动来说,有时需要多种方法交叉使用,而且随着设计的发展,必将产生更多更新的设计方法与之相适应。

6.2　现代设计方法及方法论研究

通俗地说,方法就是为了达到某种目的所运用的手段、工作程式以及可以被人们总结出来的规律性的东西等。不同的科学门类(如基础科学、技术科学和工程科学等)存在与之相应的不同的方法论(如科学方法、技术方法和工程方法等)。

设计活动是实践过程,这个过程将以找到满足功能要求的最优方案而告终。那么,其中就存在一个如何找的问题。也就是说,设计方法的存在也是必然的,而且方法不止一个。设计方法是在设计实践中被应用的方法,其中的某些内容可能属于技术方法的范畴,而另一部分内容可能属于工程方法的范畴。

人类文明史的每一篇章都蕴涵着人类设计活动的丰富内容。在不同的历史发展阶段,科学与技术的现状不同,设计方法也不同。因此,设计方法是历史时代的产物,如图 6-1 所示。

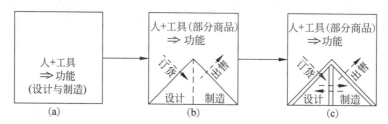

图 6-1　不同历史时代设计方法的演变
(a) 设计方法——简单思维;(b) 设计方法——复杂思维＋计算＋模型实验;
(c) 设计方法——信息分析与处理＋软硬件设计＋产品制造

仅从工具制造与设计方法这个侧面,就可粗略反映人类历史发展的三个阶段。在原始人类刀耕火种的时代,人们开始制造和使用石器工具,用自制的石刀、石斧捕获野生动物;用木棒为犁,犁地为田。虽然石刀粗笨无比,但原始人类在制造石刀之前,也必然在其头脑中初步形成了使用和制造这种工具的计划。他们想到用石刀来修削木头、切割植物以及分割肉食,因此要求石刀应该有锋利的刃部;而耕地用的木棒应能容易地插入地中,因此木棒的一端被磨成尖形。这恐怕就是最原始的设计过程和加工过程了。而设计方法也必然寓于其中。虽然这时的设计方法是原始的,但也是有意识、有目的、有计划的活动,它不同于其他动物的本能活动,我们把这种设计方法概括为经过简单思维的设计方法。后来,迫于实际生活的需要和劳动的磨炼,原始人积累了一定的经验,提高了智力水平,开始制造和使用骨、角等工具以及不同材料组合起来的工具,如弓箭等,但设计方法没有本质的改变。这个阶段的历史时代大约延续了三百多万年。

人类社会在畜牧业、农业、手工业出现劳动分工以后,技术水平有了很大的长进。尤其是文字的形成,使人类社会出现了文化、艺术与科学社会意识形态。从这时起,直到近代,更确切地说,直到当今社会的某些国家地区和社会部门,所采用的设计方法发生了质的变化。我们把在这数千年中人类运用的设计方法概括为“复杂思维＋计算＋模型实验”。

20 世纪 60 年代,人们开始了对现代设计方法的探索。联邦德国机械工程协会在 1963 年召开了名为“关键在于设计”的全国性会议。会议认为,改变设计方法落后的状况已经到了刻不容缓的时候,必须研究出新的设计方法和培养新型设计人才。大学教授和设计界的专家边实践边探索,二十多年来终于形成了具有德语地区特色的新的设计方法体系——设计方法学。日本、英国也都在同一时期开始了设计方法学的研究,形成了具有各自特色的设计方法学。

现代设计方法学从传统设计方法中脱胎而出,它具有以下几个特点。

(1) 从战略高度,用大视角审视设计对象。按设计方法学的观点,设计者不能只着眼于设计对象本身,还要考虑产品与企业内外的关系,其中设计与市场的关系尤为重要。但在传统设计方法中,这是常常被忽视的。不仅如此,设计者的视野还要扩大,要在大范围内搜寻与设计对象有关的信息。如市内公交车的设计,如果只是单纯考虑如何设计汽车,则称设计思维处在零部件或产品水平。如果从更高的层次来看待这个问题,就可以将这个设计抽象为“如何解决城市公共交通”的问题,这样会从城区道路情况、客流量、交通线路分布、维修能力以及人口分布情况,甚至是当地的气候条件、季节变化规律等各方面来把握这个设计,经过创造性的思考,也许设计师会推翻原先设计公交车的初衷,而提出有建设性的更加优化的设计方案。

（2）设计方法学是方法论，是应用科学，是新兴起来的交叉学科。设计方法学主要研究设计进程中各阶段、各步骤之间的联系规律、原则和原理，以求得合理的设计进程。因此，设计方法学是探讨设计进程最优化的方法论。它对其他学科的理论采取"拿来主义"的态度。图 6-2 表示设计方法学涉及物理学、化学、材料科学、环境科学、价值科学、决策学、市场预测学、心理学和生态学等，同时还涉及政治、经济政策、法律等社会科学。它用这些学科的理论来解决"设计"这个特殊问题。把不同领域的知识联系到一起，从而又形成一些新概念、新规则、新方法等，开创出一种新的知识领域，因此，设计方法学也是一门交叉学科。设计方法学是在动态中不断发展和不断完善的，随着其他学科的发展与新学科的出现，设计方法学也必将得到发展。

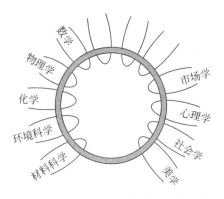

图 6-2　设计方法学与其他学科的关系

（3）设计方法学具有鲜明的系统性。设计方法学是在系统工程的思想指导下，运用科学方法解决复杂问题的一种方法论。它首先把设计对象视为一个总系统，然后，多层次地依次列出子系统，运用系统方法解决设计问题。

（4）设计方法学追求设计结果的整体最优化。不可能使设计的方方面面都达到最优化的要求，世界上不存在绝对完美的东西。在设计中，很可能恰恰是以这种局部的不足为代价换取了整体的优胜。参加一种产品设计的每个设计者，都要有牵一发而动全身的责任感。不要只顾自己设计范围内的区区小利而有失大体。只有如此，才能在全体设计者的共同努力下，保证产品的整体最优化。

现代设计方法学致力于调动设计者的积极性，充分利用设计者的高级思维活动和创新求异精神，这种高级思维活动和创新能力是到目前为止，任何先进的物质手段也替代不了的。它能导致设计过程在种种限制条件下取得最佳解。因此这是高层次的设计方法，是设计方法发展的高级阶段和必然结果。

在日本学者高桥浩编著的《创造技法手册》中，将 100 种创造技法分为扩散发现技法、综合集中技法和创造意识培养技法三大类型，进行了目的、对象及适用阶段等内容的分析，由此可见，能够运用于现代设计之中的方法是非常丰富的。总结归纳诸多方法的基本特征，可以发现所存在的能够凝练成为基本原理的内容：

（1）综合原理。将多种设计因素融为一体，以组合的形式或重新构筑新的综合体来表达创造性设计的意义（图 6-3）。

（2）移植原理。在现有材料和技术的基础上，移植相类似或非类似的因素，如形体、结构、功能、材质等，使设计获得创造性的崭新面貌（图 6-4）。

（3）杂交原理。提取各设计方案或现有状态的优势因素，依据设计目标进行组合配置和重新构筑，以取得超越现状的优秀设计效果。

（4）改变原理。改变设计物的客观因素，如形状、材质、色彩、生产程序等，可以发现潜在的、新的创造成果；改变设计者的主观视点，能够使设计构思得到更具创造性的体现。

（5）扩大原理。对设计物或设计构思加以扩充，如增加其功能因素、附加价值、外观费用等，基于原有状态的扩充内容，在构想过程中可引发新的创造性设想。

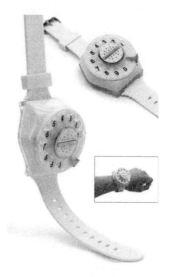

图 6-3　服装和风扇的综合　　　　　　　　图 6-4　腕式电话

　　(6)缩小原理。与"扩大"相反,对设计的原有状态采取缩小、省略、减少、浓缩等手法,以取得新的设想。

　　(7)转换原理。转换设计物的不利因素和设计构思途径,以其他方式超越现状和习惯性认识来达到新的设计目标。

　　(8)代替原理。尝试使用别的解决方法或构思途径,代入该项设计的工作过程之中,以借助和模仿的形式解决问题(图 6-5)。

图 6-5　组合插座

　　(9)倒转原理。倒转、颠倒传统的解决问题的途径或设计形式来完成新的方案,如表里、上下、阴阳、正反的位置互换等。

　　(10)重组原理。重新排列组合设计物的形体、结构、顺序和因果关系等内容,以取得意想不到的设计效果。

　　以上的基本原理内容体现了现代设计方法的科学性、综合性、可控性、思辨性等特征,作为解决设计诸多问题的有效工具和手段,它的运用和发展奠定了设计方法论的研究基础。

　　设计方法论是对设计方法的再研究,是关于认识和改造广义设计的根本科学方法的学说,是设计领域最一般规律的科学,也是对设计领域的研究方式、方法的综合。

　　通常所说的设计方法论主要包括信息论、系统论、控制论、优化论、对应论、智能论、寿命论、模糊论、离散论、突变论等,在设计与分析领域称为十大科学方法论,现简要介绍如下。

　　(1)信息论方法。包括狭义信息论、一般信息论和广义信息论。狭义信息论指研究消息的信息量、信道容量以及消息编码等理论与技术。一般信息论除通信问题外,还研究噪音理论、信号滤波与预测、调制与信息处理等理论和技术;广义信息论指研究与信息相关的各方面的理论和技术,如信息的产生、获取、变换、传输、存储、处理、显示、识别与利用等,信息论方法主要有预测技术方法、相关分析法和信息合成法等。

　　(2)系统论方法。指用系统的思想、按照系统的特性和规律认识客观事物,解决和处理各种设计问题的一整套方法论体系,系统论方法主要有系统分析法、聚类分析法、逻辑分析法、模式识别法、系统辨识法、人机系统和运用系统观点研究设计的程序等。

（3）控制论方法。它是关于耦合运行系统的相互联系、结构、功能、运动机制、作用方式及控制过程的一般规律的科学，是由数学、逻辑学、数理逻辑学、生理学、心理学、语言学以及自动控制和电子计算机等学科相互渗透的边缘科学。控制论方法主要有动态分析法、振荡分析法、柔性设计法、动态优化法和动态系统辨别法等。

（4）优化论方法。即对给定的设计目标，在一定的技术和物质条件下，按照某种技术和经济的准则，找出最优设计方案的方法和理论。优化论方法主要有优化法和优化控制法等。

（5）对应论方法。指将同类事物间（称为相似）和异类事物间（称为模拟）的对应性作为设计主要依据的方法与理论。对应论方法主要包括一般类比法、科学类比法、相似设计法、模拟法与模型技术等。

（6）智能论方法。指运用智能理论，采取各种途径以得到认识、改造、设计各种系统的理论与方法。智能为智力与能力的结合，故智能论方法重在发掘一切智能载体，特别是人脑的潜力（如推理判断、联想思维等），为设计服务，尤其是可以利用计算机而克服人脑的运算精度不高、速度慢、易疲劳、存储量有限、易产生差错等缺陷，这正是电子计算机辅助设计的根本目的。智能论方法主要包括计算机辅助设计法（CAD）、计算机辅助工程（CAE）、计算机辅助制造（CAM）、智能机器化方法（高级人工智能）等。

（7）寿命论方法。寿命为特定正常功能的时间，或称为从有序到无序的全过程，故寿命论方法是指保证设计物在寿命周期内的经济指标与使用价值的理论与方法。寿命论方法包括可靠性分析预测、可靠性设计和功能价值工程等方法。

（8）离散论方法。指将复杂广义系统离散（将设计对象进行有限细分或无限细分，使之更逼近于问题的求解）为有限或无限单元，以求得总体的近似与最优解答的理论与方法。离散论方法包括有限单元法、边界法、离散优化及其他运用离散数学技术的方法等。

（9）模糊论方法。运用模糊分析而避开精确的数学设计的理论与方法，如模糊分析、模糊评价、模糊控制与模糊设计等。

（10）突变论方法。指根据人脑质的飞跃而建立的初步数学模型的理论和方法。突变论机理上的创造性是人类不断开拓、无穷发展的关键，其思维方法与工具的变革是人类赖以持续发展的根本，所以运用突变论方法就可以将普通设想变为创造性的设计。突变论方法主要包括智爆技术、激智技术、创造性思维与创造性设计等。

正如《设计过程与方法》的作者所说，以上的设计方法比较偏重于工程设计，具有很强的理性和逻辑性、科学性的因素，并非适合于每项设计。但是，设计方法论作为设计科学的崭新而又古老的研究领域，必将以多种多样的个别领域的方法论研究成果不断得到充实和发展。

第7章

设计艺术形态构成

7.1 关于形态的理解

7.1.1 形状与形态

万事万物都有形状。自然界一切对象的形,是宇宙母亲赋予我们以感性,让我们投进她的怀抱的朴素的儿歌,是宇宙和谐秩序美的源泉。我们所从事的艺术设计事业,是将设计作为某种观念的实体化过程来对待的,即把思想意图表示成可视的形态,或称为造型(形)设计,也就是造物。设计师如何在造物中发挥自己的作用呢? 这就要从形态学的概念入手,来认识形态,创造形态。

平常说物体的形状,形状是什么? 它与形态有何不同呢? 阿恩海姆在《艺术与视知觉》一书中说:"形状是被眼睛把握到的物体的基本特征之一,它涉及除了物体空间的位置和方向等性质之外的外表形象。换言之,形状不涉及物体处于什么地方,也不涉及对象是侧位还是倒立,而主要涉及物体的边界线。也就是物体轮廓在人的大脑中经验的反映。"简而言之,形状就是人们对物体轮廓线的认识。

对形态的理解就不能简单停留在"形状"这层含义上。形态的本质是力的形象,是内在的动表现为外在的形。形态是物质的,物质是不断运动变化的,不同的是形态将运动变化为以凝固的形式表现,故又简称力象。将这种物理性的认识与人的感觉认识结合起来,就使形态(包括具象形和抽象形)成为一种生命活力的形象。从力的角度去认识形态是人类特有的知觉本能(过去的经验),这种认识可以把抽象形与具象形联系起来,从而使抽象形具有意义。

7.1.2 三个观念的转变

对于形态的再认识,应该改变传统的三个观念。

第一,从静止的观察转为运动的观察。这种动可以是视点的动。以绘画为例,西方古典绘画推崇焦点透视,这是一种静止的观察方式;中国古典绘画则强调散点透视,视点是运动变化的,虽然比不上西方绘画如同照片般的真实,但能将众多景物融于一图,系统地来看有言之不尽的妙处。这种动的观察方式体现了东方人独有的智慧。实际上,当看某一物体时,你的眼睛永远不会是静止的,你的头与物体的关系也不是静止不动的,人永远在运动中。焦点透视简化了眼睛、大脑与物体之间的关系,把人的大脑同所思考的世界分割开来。这种动也可以是时间上的延续。比较毕加索的画《画家与女模特》(图 7-1)与陕西的民间剪纸(图 7-2),毕加索在一幅图中试图表现出女模特翻身这一运动过程；民间剪纸中人物的脸是一种不能在同一视点看到的脸，或者说是两张面孔合成，传达的无非是老两口之间时停时歇对话的动作。过去用静止观点理解的是形态的构造，现在用动的观点理解则是形态与形态之间的关系，是形态与环境的关系。

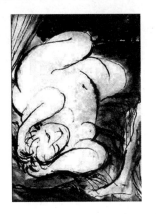

图 7-1 画家与女模特

图 7-2 陕西的民间剪纸

第二，从客观的造形（型）转变为主、客观相结合的造形；从客观对象的表现转化为物我合一的表现。

第三，从形象思维转变为形象思维加逻辑思维（甚至辩证思维）；从强调造形创造的结果转变为把造形过程看得比结果更重要。

在设计中抓住一个想法，就一路走到底，可能也会获得创造性的成果，但这很大程度上决定于事物发展的偶然性；而如果采用逻辑推理的方法，推导出众多造形方法，再凭艺术审美感觉优选，并深入发展，就很容易创造出新的形态，这一过程则体现了必然性的作用。

7.2 造形原理

7.2.1 造形的意义

造形一词，见于德文的 gestaltung，字源的意义是完形（完全形态）。物体造形除了视觉可观察的形象外，还涵盖了知觉所能领悟的范畴。也就是说，即指一个形态具有统一的整体感。凡是透过视觉方式所表达的可视、可触等知觉成形活动，皆称为造形。

造形就是创造形态的活动，是造物的基础，也是艺术设计的核心。大凡设计都是为明天而进行的，设计师应创造出新的、过去没有的作品。重新使用过去的意匠或者再现古老的样式只是一种特殊的情况，而不是设计工作的本质。作为设计师，学习造形的原理、知识和技术无疑是必需的，但正像一个音乐家懂得了旋律配合法，如果缺乏洞察力和灵感，他仍然只是一个蹩脚的作曲家。由于造形性是设计的核心，因此，应把造形与各设计领域独有的特性或条件结合在一起，才能展开其设计，从而产生优秀的作品。

7.2.2 造形要素

就像物质是可分的一样，视觉形象无论是具象形还是抽象形，都可以解析为形态要素及其组合原则。所谓造形，就是应用形态要素，并按照一定原则将其组合成美好的形态。

1. 形态要素

形态要素又分为概念性要素和视觉性要素,分别处于主观认知和客观存在之中。

1)概念性要素

概念性要素是不能直接知觉的。它们并不实际存在,而只是在创造形象以前在意念中知觉其存在。知觉形象的棱角上有点,物体的边缘有线,形体的外表有面,立体则占有一定的空间。这些没有具体形状的点、线、面、体,都是存在于意念中的概念要素,它能促使创造者组合视觉性要素。反过来,概念性要素也可以帮助人们理解视觉性要素的运动本质。

2)视觉性要素

视觉性要素是把概念性要素直观化的要素,这些要素是人们实际看到的,所以是设计中主要的表现成分。包括:

(1)形状(具象形、部分形、抽象形、积极形、消极形)、色彩(色相、明度、彩度、面积)、肌理(视觉肌理、触觉肌理)。

(2)空间限定要素,如点(相对于所存在的空间,其占有部分很小)、线(相对于粗度,长度很长)、面(相对于厚度,向四面八方有较大的延展)、立体(对三次元空间的实际占有)、空虚(对三次元空间的限定)。

(3)大小、数量、方位、光影。

2. 组合原则

组合原则又分为关系性要素和心理性要素,分别位于客观存在与主观认知中。

1)关系性要素

视觉要素的编排、组合都是由关系性要素所管辖的。

(1)象形。若点、线、面的组合关系由自然或者人工所创造的各类物体形衍变而成,就谓之象形。象形非常写实或装饰化,或近似符号。

(2)动态。动态指采用单位要素逐渐变化的姿态作鳞次排列,以表达视点运动的时间过程,或者单位形的运动倾向。

(3)结构。这里所说的结构是指因材料和力学关系所决定的结构。

(4)技术。这里所说的技术是指通过对材料的不同处理并充分发挥工具的作用而造成崭新的造型效果。

2)心理性要素

关系性要素的选取是根据心理性要素决定的,也可以说,关系性要素的形式必须表达一定的心理内容。

(1)意义,指组成的形态整体除去美好的形式之外,还应具有特别的含义。

(2)感情,包括具体感情(喜、怒、忧、思、悲、恐、惊)和抽象感情(各种精神状态)。

(3)境界,指环境气氛。

7.2.3 不同造形领域中的艺术感觉

1. 图形感觉

人们要认识一个客观对象,必须经历三个过程:一是与主观存在没有关系的客观世界,即光照射物,物的反射光映入眼睛并在视网膜上成像,这是一个光学过程;二是经眼睛肌肉的扩张和收缩、视点的移动,获得很多信息并经视神经传向大脑,这是一个生理过程;三是到达大脑皮质的刺激信息,经过分析、解释、判断,这是一个心理过程。不管人们的反应如何敏捷,全都要经历这三个过程,因此在创造形态时,就必须有意识地控制这三个过程,缺一不可,以便使创造的形态对人产生更大的作用。中国传统造形早已有"图形、图识、图理"的理论。

(1) 图形。即再现意象。把思想观念转化为物理事实的外部形状,并使其中包含的抽象力象征性地呈现出来。

(2) 图识。即直观意义的符号。意象本身当然是一种特殊事物,而当用它代表某一"类"事物时,它便有了符号的功能。

(3) 图理。即有哲理意义的记号。当一个意象仅能够代表某种特定的内容,但又不能反映这种内容的典型视觉特征时,它就只能作为一种概念性记号了。

2. 色彩感觉

在视知觉中,色彩是绝对不能原样被看到的。要有效地使用色彩,首先必须认识色彩经常造成的错觉,而不是对色彩体系的把握。

(1) 色彩的相互作用:对于同一色彩有数不尽的处理方法,而不应机械地使用色彩调和法则或仅仅作暗示。也就是说,要感受色彩的相互关联性或不定性,以发展观察色彩的眼睛。

(2) 色彩的心理效果:最重要的问题不是所谓的了解事实,而是理解色彩。所谓理解,是"具有世界观意义的感受",它意味着与幻想、想象紧密结合。

这种探求方法要求人们注意色彩、形状、配置及其量(色彩的本位、扩展和再现的节奏)的关系,甚至有关色相或明度的质和境界、差别和联系等。

3. 立体感觉

由立体的太阳和月亮被看成平平的圆盘可知,物体表面若被照射了同一亮度的光线则失去立体感。以高塔为背景,将照相机放得很低给人拍照,会发现照片上人和塔的距离没有了,由此可知:立体感的产生是由于观察方法造成的。因此,即使不是立体的东西,如能在视觉方面呈现层次的状态,当然也被感觉为立体。例如,戴上立体视镜就可以从两个有固定联系的平面图形上看到立体效果,将此称为立体感,即虽然有实体的参与,但并非指立体的物理事实本身。

(1) 量感:立体形是用实际材料做成的。无论对于材料还是形态,都要在物理量之外研究和把握其心理量。如线材轻快、有张力;面材伸展、充实;块材结实、有分量。形态的量感并不取决于物理量的多少,而是由体面的转折变化所传达的生命活力来决定。

(2) 空间感:根据知觉力场的理论可知,形体有向周围扩张的作用,其所扩张的范围称为心理空间,即空间感。与物理空间(形体占有空间、活动空间和生活空间)不同,它是实际不存在却可以感受的空间。一张纸上画一个圆,被看成一个圆浮现在纸上,有前后关系;一个做投掷运动的雕像,在其运动方向前有空间要求,不能太闭塞。空间感对于形体与形体的适当配置、形体与场所的关系是十分重要的。

(3) 触感:凡立体形态都是可触摸的,触觉比视觉更影响人的安危,外物不与皮肤直接接触,便无利害可言。视觉不过是一种预料的触觉。触觉的感情通常是快乐的。触觉与智能有关,即触觉也能传达深刻的意义。

创造立体形态要紧紧抓住立体的多面效果和情态。

4. 空灵感觉

就像生活在空气中却感觉不到空气的存在一样,人的视线本来就对物体比较注意,只有在特别想观察时,才会感觉到周围的空虚形态;只有在受到触发之际,才会产生空灵感觉。所以,尽管空虚形态时时刻刻围绕着人们,始终在人们的视觉中,却不是有意识注意的对象,而是在不知不觉的体验中由潜意识的知觉捕捉的。潜意识的特点有三:一是它不受时间、空间的限制,可以跳越时空范围与任何事情发生关联；二是思考方向依情感和欲望的支配进行，不按逻辑的前因后果作推论；三是常以"浓缩"、"移借"、"象征"等作用来表达。

(1) 运动感：凭借日常经验看运动的物体，可以知觉到动。像电影那样，将逐渐变化的静止映像连续看时，也可以知觉到动(虚动)。在造型领域中，虚运动有多种表现形式：对象物不动，观看者的视点有规则地移动；对象物不动，观看者亲历行动；对象物不动，观看者的思维运动。这些都能创造出空灵感。

(2) 闭锁感：空虚本无形，欲使空虚呈现形态，就要依靠实体来限定。所谓限定，就是用实体去划分宇宙空间。分隔在上方，产生压迫感；分隔在左右，产生纵深感；分隔在前后，产生抵抗感；随人的活动方向而变。

创造空虚形态主要抓住动线和序列。

7.2.4　造型的美学要素

造型必须美，这是人类从文化的黎明时期就萌发的祈求，也是人区别于动物的根本标志(动物只是按照它所属的那个物种的尺度需要来建造)。所以，在人类的造物活动中，自然要用更大的关心和努力使之更加臻美。

当然美学要素还不是美，任何美都是人类参与的创造。它是人类生理与心理的共同活动，人与物的相互融合，直觉与思维相互补充的结果。它不仅是客观的反映，更主要的是感受(知觉抽象、知觉序列、知觉选择)、联想(想象、思维、感情移入)。具有良好美学机能造型的物品能够鼓舞人的精神，给心灵带来喜悦。

本节是讲"形态构成"，这里要避开社会和人的复杂关系，以处在最基层的知觉心理为基础，叙述最基本的美学要素。

就造型领域讲，本质和结构形式是任何形态(自然形态和人工形态)均具备的，只有表现技巧为人工形态所独有。所以，造型的美学要素应该分为三个部分，即本质美、形式美、表现技巧美。

1. 形态的本质美

艺术形态创造的目的是感情的传递，而探究形态的本质又是人类知觉的本能。

1) 力象

形态的本质是力的形象(简称力象)，但并不是凡力象都是美学要素。从根本上讲，无论是劳动创造还是艺术创造，其基本原则都是"自然的人化"或"人的本质力量的对象化"。观察者则从"作品"中认识自己，体会出人作为社会人的本质，悟出人的"本质力量"，从而感到喜悦、快慰和满足。

图 7-3　花插展示出植物生长的活力

(1) 反映人类本质力量的情态。什么是人类的本质力量？自从地球上有了人，人就从不满足于周围的客观存在，总是改造周围的一切以适合自己的生存和发展。俗话说：人往高处走，水往低处流。所以，向上、奋发积极、富于理想、永不停止……就是人类的本质力量，构成为力象的美学要素(图 7-3)。

(2) 力象的真实性。艺术形象的真实性不能从科学或历史的范畴来理解，而是审美主客体统一的产物，即似真、幻真、合理、可信。它包含细节的具体性、特征的鲜明性、内容的逻辑性、关系的整一性、价值的协调性。

2）意蕴

艺术形象是由于作者感情的输入而变形的形态,并不是现实形态在头脑中的简单再现。观众把握艺术形象,也要通过一个审美创造过程,这就要求表现艺术形象的视觉语言具有启发性,具有调动观众审美创造的功能。怎样才能做到这一点呢?心理学告诉我们:人们喜欢被不平常的东西所打动。

(1) 通感、拈连。如漫画《洗耳》(图7-4)利用掏耳垢的形象,把从电视中听到的许多枯燥乏味的百分比都清洗出来。缺乏现实意义的新形象跟本身具有现实意义的掏耳垢形象在结构形式上酷似,使观察者不由自主地将两者联系起来加以对照,展开联想,从而领略到一种言外之意:电视艺术应采用形象语言和手法才能获得更好的收视效果。

图7-4　漫画《洗耳》

(2) 拆散意合。中国传统绘画常有这样一种结构:画面上画一个茶壶、一个茶杯,旁边题"陆羽高风"四个字;或者是一个酒壶、一个酒杯,题"陶潜逸兴"四个字。画中没有人物,人们却可以意会到实事;没有斟茶或斟酒的动作,人们却可以意会到动作;杯中不画各色的茶或酒,人们却可以意会到茶和酒;至于壶与杯的位置,更是随心所欲,壶口可以向着杯,也可以背着杯,人们却不会错误地领会壶和杯的关系。这清楚地说明:艺术语言不注重"所指义",而注重"联想义",故造型要素(语言符号)的组织和排列是十分灵活的,这就给创作带来很大的趣味性。

(3) 转折。空间组织要曲折。有变化、波澜,就不可忽视转折。通过精心安排的转折显得别出心裁,恰到好处。常采用欲进先退、先抑后扬、节外生枝的手法,有的如异峰突起,令人拍案叫绝;有的似曲径通幽,使人回味无穷;有的像大江猛跃,出乎意料。例如,登黄山快到玉屏峰时,突遇小坡转向下走,然后过蓬莱仙岛至玉屏峰顶,极富起伏变化的趣味。

3）境界

形象的感人,除了形态本身,更在形态之外,即由形态或形与景融合,引起观赏者进入某种境界。境界不是形象,是形象诱发出来的某种特殊趣味。

(1) 空白和空隙。造形留有空白和空隙,观察者依靠自己的直觉经验去体会这些意象的象征意义及联想意义的同时,也会依靠自己的直觉经验去努力补足这些空白,全部补足无法办到,却可以从中领略到一种言传不到的东西。例如黄山的猴子观海,是云海还是沧海?

(2) 间离效果。采用各种诱导手段,使艺术的境界与实际人生的境界保持适当距离,造成一种审美的气氛,从而在观赏者的心理上产生与实际生活间离的效果,以虚代实、虚实相生,构成虚虚实实、真真假假的感觉。例如,日本园林中的"枯山水"创造出一种清雅、淡远的意境,使人产生悠然神往的情趣,营造出自然的冥想空间。香港导演王家卫执导的电影《花样年华》以其华丽隽永的格调,给人的感觉就像在欣赏一件完美的艺术品。

2. 结构的形式美

在设计中,形态常常具有整体和部分的关系,即由两个以上相当数量的部分相互组合并构成整体。对许多部分相互任意占据位置的状态,人类是不能正常知觉的,人类长时间生活在这种环境中,是不安和痛苦的。因此,需要整理成容易知觉的正常状态,这就是秩序。有了秩序,确实容易知觉,但容易知觉并不等于美。人的心是复杂的,美是感性的喜悦,既与混沌的不安或痛苦相反,又与只是容易知觉的单调的秩序相反。也就是说,必须成为既非混沌范围内又不陷入单调圈圈的刺激。

补救秩序的单调无聊的形式就是变化。无规则变化的极限就近于混沌,作为避免混沌的变化形式,就是接近于秩序的"统一",因此,设计中的结构美就是在变化和统一的矛盾中寻求"既不单调又不混乱的某种紧张而调和的世界"。在充满这些矛盾条件的形式中,介绍一些最基本的内容。

1) 整齐化一律

由形态要素之间对等、对称、照应、均衡等整齐的组合关系所构成。对等、对称是将两个以上相同、相似的形态要素加以对偶性的排列,或将整体的各个部分在空间加以相等、相称的布局而形成的整齐、统一、和谐的整体性形式。照应、均衡是艺术作品中各部分之间前后、左右、上下、高低、俯仰、虚实、隐显的相互呼应,即所谓"首尾相映、项背相依","向前者必顾后,向后者必应前",形成一种内在的统一和谐的整体性形式。

2) 矛盾统一律

由造型要素内部的部分与部分之间不整齐、不对称、相互参差却又协调一致的组合关系所构成的形式。如对比、比例、参差、变幻,但又和谐协调,形成一定的节奏和旋律。

对比是将两种以上事物形式的正反加以对照和比较,使形象具有鲜明性,但又必须相互映衬,协调一致,即所谓多寡得宜、修短合度、大小协调、浓淡适宜、明暗有致、强弱和谐……这是不齐之齐,乱中见整,于无秩序中见秩序,不平衡中见平衡。

比例是事物形态要素部分与部分之间合乎一定数理规律的组合关系,它可以使形式具有匀称性、严整性与和谐性。

参差、奇正、变幻是指各种造型要素之间既有变化、参差,又有对称、整齐,或各个部分变化多端,层出不穷,而整体又协调一致,使形象、形态整中有乱,乱中见整,平中有奇,奇而又正,构成不齐之齐、不整之整的形式。

节奏是事物规律的周期性的变化运动,其强弱变化或长短交替出现就构成了一定的旋律,既表情达意,又合乎人的生理、心理的节奏律动,使人产生美感。

3) 宾主律

由造型要素内部主与宾、主与次的组合关系所构成的形式。主与次是相比较而存在的,有主才有次,有次才有主;主次有对比,才能群星拱月,突出主体;主次有矛盾,有发展,才有波澜,构成动态,引人入胜;主次相宜和谐,才能矛盾统一,形成秩序,绚丽多彩。

4) 实律

由造型要素和艺术手法中的虚实相生所构成的形式。有虚有实,实中有虚,虚中见实,虚实相生,这是艺术创作,也是创造艺术形式美的重要法则。

3. 表现技巧美

指构成形式美的物质材料、手段或工具以及艺术手法。艺术技巧的新颖独创,也是构成艺术形式美的重要因素。因为形式美不是各种造型要素的简单相加复合,也不是自然形态的形式美的简单模仿,而是按照形式美的规律能动地进行创造和组织。也就是说,造型是人的社会性的活动,是由人来实现并为人而实现的。其中自然脱不开创作者本身的自我表现。

1) 精确、巧妙

所有艺术形象无不需要运用自然物质材料或手段、工具,将形象加以物态化。其中除去艺术作品的组织结构要运用这些材料、工具和手段来表现外,这些物质材料、手段、过程本身也要自我表现。

精确是相对于一定科技水平而言的。随着人类认识水平的提高,精确的内涵也自不相同。如飞机、高速轿车、轮船经风洞、水洞试验后得出的机身、车身、船体造型,就是当前科学技术对高速运动的交通工具进行技术造型所达到的水平。不过,除了从设计的角度去理解精确外,还应从工艺制作的角度去理解,这两者是不能分开的。

利用工具,通过技巧而充分调动出材料的造型性,表现无与伦比的巧妙,令人神往,此外,形态的轻巧灵活的形式也给人以睿智、巧妙的感觉。

达到精确、巧妙的要素有紧凑、轻便、折叠、装配、摆放、成套、系列等。

2) 新颖、独创

这是指在材料、工具、艺术手法、体裁或样式等方面的独创和发展。但并不是说,凡是前人所没有发现过的都叫作"新颖","新颖"是应该建立在美的基础之上的,否则就会破坏艺术作品特定的意境,损害其内容,并削弱其艺术形式的美。

7.2.5　构成的基本逻辑

我们已经初步理解了形态的本质是内力的运动变化,而这种力的运动变化的具体表现是怎样呢? 作为生物形态,表现为细胞的增殖和衰减;作为非生物形态,表现为分子的化合(如水)与组合(如晶体)。概而言之,一般形态内力运动变化的表现就是基本形态要素的运动、变化和组合。于是可以获得一个造型公式:

$$形态要素＋运动变化＝形态$$

按照这个公式,只要确定了形态要素(当然,这个形态要素可以取自原型),再赋予其一定的运动变化形式,就可以创造出新的形态。这个公式把前面分析过的关系要素简化成一项,省去了"象形、结构、技术",所以称为基本逻辑。前面已经对形态要素作过分析,若对运动变化再作出整理,则只要从这两项中抽取要素作排列组合,就可以得到无数的造型方案了。

1. 运动变化的形式

造型活动中遇到的运动形式主要有自然运动(物理运动、机械运动、化学运动、生命运动)和思维运动。其中,除化学运动(如窑变)非人所能完全控制外,余者皆可依人的意志而变化。按照造型的认识,将其归纳成三种形式:

(1) 线、面、块的真实运动,包括物理运动和机械运动,所形成的形态为运动构成,与时间因素相关。

(2) 点、线、面、体的空间变态,包括生命运动、思维运动(指观察者的感觉而言),为静止的形态所提供的暗示或诱导造成的虚运动(动势的创造)。

(3) 线、面、体、空间的组合与分割,包括物理运动、生命运动、思维运动,为静止的形态所提供的暗示和诱导造成的观点运动或亲历运动(节奏和韵律的创造)。

2. 网罗设想的形态分析法

20 世纪 40 年代,美国加利福尼亚大学的韦开教授发明了形态分析法,他把需要解决的问题分解成各个独立的要素(又称变数),然后用图解的方法将这些要素进行排列组合,来产生解决问题的方案(图 7-5)。

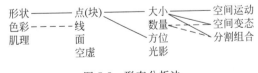

图 7-5　形态分析法

只要有一个形状,不管是具象形还是抽象形,按照实线确定为点、确定大小、确定为空间运动,就可产生许多动画方案。前三项不动,变换运动变化方式为空间变态,又可得出许多造型方案;前三项仍然不动,变换运动变化方式为分割组合,就又获得许多造型方案。再换成虚线的组合试试,如此发展下去就可以网尽所有造型的可能性,如果利用计算机进行分析,对于复杂问题的处理将更为有效。

3. 优选、深入发展

显然,这种机械操作所得到的形态是运用技术的自然结果,不一定美,它的意义主要是提供广泛的选择范围,以提高选择的水平。在基础造型中,优选的标准主要是诸美学要素,选定后仍不满足,就要进一步深入发展,发展和调整的根据仍然是美学要素。

7.3 形态设计的来源

在人类世界中,万物纷呈,形态各异。从花鸟鱼虫到山川景物,从微观的分子、原子到宏观的物体,它们由于类型不同而各具特色。下面是人类对形态的认识过程。

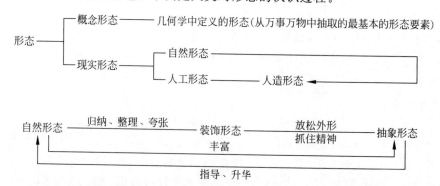

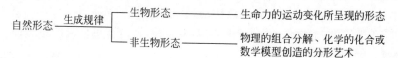

自然形态要靠抽象形态指导,进而升华;抽象形态靠自然形态丰富,使其不至于僵死。自然形态是人们吸取灵感的源泉,"人法地,地法天,天法道,道法自然"。自然是一切事物归根所在。

自然形态 —— 生成规律 ┬ 生物形态 —————— 生命力的运动变化所呈现的形态
                      └ 非生物形态 ————— 物理的组合分解、化学的化合或
                                        数学模型创造的分形艺术

人是从自然界进化而来的。人首先是自然界的一个组成部分,同时,又要依靠自然界而生存,因为人与自然之间的物质交换是生存的前提。人们生活的世界是一个人化了的自然界,是经过人的加工和改造的结果。

各种自然物的存在和运动都具有一定的结构、形式和秩序,其中蕴涵并体现出一定的自然规律。当把一块石子投入池塘,水面便会随着石子溅起的水花而泛起环形的波纹,并均匀地向四周扩散。这是一种波的传播方式,它以涟漪的漂荡成为物理现象的外在演示。同样,当夏日滂沱的阵雨过后,观察从屋檐落下的水滴,它在重力的吸引和空气阻力的抗拒下,形成特有的下大上小的球面与锥面的结合体,展示出空气动力学的流体形态(图7-6～图7-8)。

图 7-6　沙丘纵横

图 7-7　古树枝桠

图 7-8　黑夜中闪电的光影

人类对于大自然充满热爱之情,因为它不仅是人类生存的依托,也是构成人们生活的天地。天地万物不仅体现了大自然的和谐和秩序,而且在与人的生活联系中被人格化了,赋予了人的意义。孔子曾说:"知者乐水,仁者乐山,知者动,仁者静。"(《论语·雍也》)山的磅礴雄伟、重峦叠嶂,水的九曲回流、潮回汐转,都可以成为君子人格的象征。在晋代画家顾恺之的眼里,山峰和溪水不仅具有生命和灵性,而且与人具有情感的交流或契合。

那么,如何挖掘自然形态,从而创造出有意义的符合设计要求的新形态呢?"多角度观察—分析形态要素—提炼'感觉'—抽象重组—新的形态",沿着这个思路,最大限度地发挥创造性思维的作用,是造形设计遵循的科学方法。

7.4 如何"造形"

自然是孕育人类成长的伟大的母亲,也是人类最优秀的教师,向自然学习是每个设计师最重要和最生动的一课。这里简要介绍以自然为依托的构形方法,目的在于拓宽思路,引导大家在实践中不断探索,创造出更加理想的"造形"。

7.4.1 观察研究

在人们周围,有许多自然的东西,如水果、蔬菜、花草、石头等。如果从各种角度去观察,可以发现,自然界存在着非常丰富、复杂的形状结构(图7-9,图7-10)。这与从书本中学得的简单的几何图形既有所联系又远不相同。它们是学习自然构形的极好样板。特别是那些非机械性的对象,如小石、褶皱、积水、云等形状结构,在学习中有意识地观察,可以为日后的创作打下良好的根基。

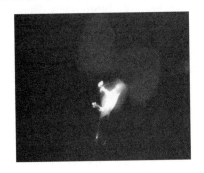
图7-9 蝴蝶光的形态

图7-10 洋葱剖面

观察和研究这些结构,在构形学习上主要的目的如下:

(1)了解构成对象整体的诸因素的形状、大小、纹理等,探索它们的有机联系,即整体与局部、局部构造、局部与局部之间的关系。

(2)欣赏和体会诸因素提供的图形美,以及它们组合形成整体美的方式,研究它们构形所表现的意匠。

(3)进行主观的归纳、过滤工作,即对观察所得的形状进行分析、整理,抽取其核心、精髓,删削冗赘,更鲜明地突出中心形象。

通过这样的练习,培养敏锐地抓住客观形状的特征、有效地组织起优美有力的图形、巧妙地处理主次的构形技巧。无论如何,简单罗列的模仿作风绝不可取。

7.4.2　对形状进行简括

　　通过对对象物的观察,从多种角度去分析研究其特征,抓住其中若干独有的主要因素,就可以进行图形或图像构思和实施构形创作(图 7-11～图 7-14)。在观察自然物进行构形时,要抓住形状的重要特征,舍去枝节,通过简洁化来突出中心形状美感。

图 7-11　辣椒外形

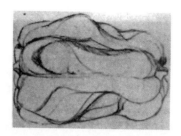

图 7-12　铅笔素描

图 7-13　构思与用色计划

图 7-14　完成的效果

　　在造型的过程中,考察构成整体形状的各项因素,如复杂的或简单的形状,柔和的或峻朗的形状,粗疏、细密的纹理等,根据它们的相互关系,归纳、整理成尽可能简洁、扼要的形状。

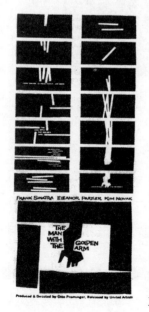

图 7-15　电影海报

　　简括的目的是突出中心形状,明确特征,以表达对象的美。如果把特征都丢了,那就只能是简单化,结果图形本质被抹杀,单调平凡而没有个性,这和所说的简括毫无共同之处。在简化的过程中,必须能容纳、保留上述结构的诸要素,以表现图形的特征。此外,不仅要注意局部的形状美,还要充分斟酌、研究邻接形状关系、整体与局部关系、图形与背底的关系。特征形状的夸大、强调当然是容许的。

　　在创作表现问题上,除了要进一步加强明晰的视觉传达功能外,还要考虑表现的模式。按照形状内容相关关系来决定使用哪一种模式,再具体执行。无论用什么模式,所表现的形状基本结构或整体形状的简括方式,以及各因素的组织构成,都是一致的。

　　以贝斯的影片《金臂人》设计的符号和影片标题为例,说明造形在设计中是如何实际运用的。这里,试着写出其脚本(图 7-15):一条线粗犷地闯入(从上向下、从远到近)空寂的画面,接着变为三条、四条,加说明文字做阻拦。若不满意,则换成从周围闯入、聚拢并用说明文字呼应联络成整体。空间有些零碎,改为横向迅速闯入,由于速度过猛把说明文字冲向一侧,并散成上、下的两部分。太偏激,试着变成横线的降落。

过重了,说明文字有被灭掉的感觉。减少些,又缺乏性格。改回向下闯入,但已冲过了画面,多加几条并向上提,凝聚成有力的手形,提出说明文字来,撑破中心空间,手形和文字由阴转阳,一切都明朗了。

稀落、荒凉的明暗反映了影片的性格。由动的展开所形成的有机造型过程,让人看起来好像形态或形式在时间与空间中形成、瓦解、重新形成、转换……这就把力象的发展、组合、重新组合的造型综合过程带入视觉传达领域,从中可以得到幽默和噱头,那是从运动的曲折多变与形的变化中获得的。

图 7-16 和图 7-17 是杀虫剂包装设计,它利用了点线及曲线,抓住了虫蜿蜓的形态和多足的特征,并通过抽象、提炼而成。

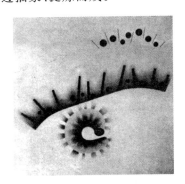

图 7-16　杀虫剂包装设计

图 7-17　杀虫剂包装最后完成效果

7.4.3　色彩设计原理

假如人们所见不再是个有色彩的世界,而只能接受单调、乏味的一切,那将是多么可怕的事实。然而只要有光,世界上的万事万物就会反射出五颜六色,所以人们永远不会生活在毫无生气的灰色中。色彩对于人类是多么重要啊!

能够知觉物体存在的最基本视觉因素是色彩。色是感觉色和知觉色的总称。总体来说,色是被分解的光(从光的构成上说是可见光,从光的现象来说是漫射光、反射光和透视光)进入人眼并传至大脑时开始生成的色感觉,是光、物、眼、心的综合产物。

彩是多色的意思。一般来说,"色彩"和"色"是同义语。不过,色彩一词常与物体相联系,因此它在很大程度上包含知觉的要素,与知觉色相对应。如果将它按感觉色处理时,则被称为色刺激,仅与光色相对应。不过,由于知觉的恒常性和错觉,往往不能正确认识色彩,所以学习色彩必须将物体色和光色作综合处理。

色彩创造就是"色彩的相互作用",它研究配色的创造,即将复杂的视觉表面现象还原成最基本的要素,运用心理物理学的原理去发现、把握和创造尽可能美的色彩效果。这对于绘画和设计虽说都一样,但在具体运用上则有很大的不同:

(1)绘画是表现既有物,意在确认其真实存在,所以很重视条件色、环境色;设色是创造一个没有过的新形态,重点在于构成,所以强调正常光照下的物体色。

(2)用色来表现物体是绘画,目的在于再现物体的准确样相;在形体上渲染色彩是设色,目的在于把形体润饰得调和美观。

(3)绘画以作者的主观感受为转移,主要强调配色的心理效果;设色要掌握色的科学性(生理、物理、心理),以便选择功能所需的色彩,当然也包括满足美观的要求。

(4) 绘画是个人完成的,创作比较自由;设色与产品是依靠社会的经济力、材料和劳动力来完成的,故而受社会的制约,更重视民族传统和地方特征。

总之,揭示由眼睛和头脑传达出来的色彩实体和色彩效果之间在人们身上的联系,是艺术家最关心的。不过,视觉的、思想的和精神的现象,在色彩范围和色彩艺术中是多方面相互综合在一起的,故而研究必须从分析入手。这种分析的研究大体上可划分为以下几个领域:

(1) 从物理方面研究色彩的要素。

(2) 从生理方面研究有关色彩的视觉规律。

(3) 从心理方面研究有关色彩的感情、联想、象征、爱好、意义和印象等。

(4) 从美学方面研究色彩的配置、协调、功能和美。

作为分析的对象,则是自然界(包括第二自然)中的各种色彩现象,这是人类认识发展的源泉。分析与综合是不可分割、相互依存的,没有分析就读不到综合;没有分析,认识也无从深入发展。但综合也有其特殊的意义(有些东西是无法分析的),尤其是在艺术创造中,"整体并不等于各部分之和",所以最终是要培养感觉。

7.4.4　色彩设计的构思方法

如果说科学的细胞是概念,艺术的细胞是形象,则"科学和绘画结成良缘",这句话对任何优秀的艺术形象的创造都是适用的,色彩艺术也不例外。这句话说明:色彩科学并非艺术;反之,色彩艺术也并非全部"只可意会,不可言传"。形象概括有时可以在无意识状态下进行,难以讲出所以然。但多数情况下形象概括(包括色彩归纳)是与概念概括相互作用的,是可以说明白的。只是"美"是社会性的,有民族的、地域的、时代的特征,这就给色彩归纳增加了复杂性。对于有敏锐色感的人,当然随意去做即可;可是对于没有经验却很努力的人,则希望有配色的具体引导。适合这个目的的方法是对既成配色的模仿。

1) 最优秀的配色范本是自然界的配色

例如,蝴蝶翅膀的配色、花的配色、鸟羽的配色……仔细一看,确实会感叹大自然造型的神秘和配色的美妙。若将这样的配色原封不动用作色彩构成,必将是令人愉快的。为了模仿自然界的配色,首先必须仔细观察、临摹自然界的生物和自然现象。例如,假如认为蝴蝶翅膀的色彩是美丽的,就要把它忠实地写生在纸上。为了将这彩色自然物的配色分解,需用严格的透明坐标纸蒙在上面,或者在纸上画出细密的方格子,以分别测定各种色所包含的面积比例。通过同一色占据方眼的数目,可以算出各个色被组合的分量。如果按照定量所得出的色面积去构成新图形的配色,则可以重现所描绘的自然物的色调。当然,色与色的排列方法、图案、质感等对表现也有很大影响,所以这里只能是接近原效果的色彩构成。

2) 以代表现代色感的绘画色彩作范本,也是有趣味的

由于画家不同,用色千差万别,所以能够表现出极富个性的美。模仿这种微妙的配色对学习配色的人来说是极有益的,随着取得新鲜的配色效果,会有效摆脱自己一向所拘泥的习惯而着眼使用更为广泛的色彩。分解这种绘画的色彩不一定是原画的整体,完全可以选择其中一部分。而且,原画用色很多,所以在根据方格细分配色量时,要根据配色的大体倾向作色彩归纳,以使色彩之间的微差不致过于零乱。将这些绘画的配色量有效地利用到抽象形态构成上,通过形和色的配置来表现原画的气氛。

3) 积累丰富的色彩素材

色晕即色彩的浓淡、层次和节奏。色晕是从成功的产品色彩设计中总结出来的(当然也必须采

集下来），为了便于记忆，可冠以熟悉的色名编成晕谱。犹如作家要掌握丰富的语汇一样，积累丰富的色晕对于色彩设计是十分重要的。就具体方法来讲，可以归纳为以下四种：

（1）以形状的性格内涵为构思的出发点，以形状的个性、造形主题引发色彩选择的动机。

（2）以色彩组织自身的表现价值为构思的导向，以色组所形成的心理效应为配色意念。

（3）以色彩的意想含义为构思诱发点，以隐喻性心理分析启示色彩构成的创意，重寓意、寄意、造意的精神传达。

（4）从综合表现的意念出发，以色彩为主要表现手段，采用立体造形、半立体造形为表现形式，加入光或动力装置等综合造形媒体，跨越平面绘画色彩的限制，构成色彩立体造形。这是发展色彩造形新的构思方法。

第（1）、（2）种方法是以色彩对视觉的刺激以及快速建立视觉映象为构思导线的。

7.4.5　立体形态设计构思

虽然平面构成和立体构成都是空间艺术，但它们的构成要素、组合原则却有不同，人们观察它们的方法和感受器官也不同。例如，第一，平面形态的创造主要依靠轮廓线，一个确定的轮廓线表现一个肯定的形态，没有任何含混。立体则不然，一个立体形态没有固定不变的轮廓线，或者说一个平面上的轮廓线不能表现一个肯定的立体形态。举个最简单的例子：平面上的一个圆，它的立体形是球？圆柱？圆锥？不倒翁？陀螺……无法肯定，因为轮廓线只反映了二维平面的特征。显然，立体形态的创造不能仅仅依靠这种轮廓，还要依靠"量"（如军用地图的等高线就表示量）的多少。如果某个形体在空间中占有位置，该空间因与其他空间有差异而被识别，该对象所占有的空间量感称为容积，若该空间是实物时就称为量块。现代造形就明确要求纯粹的量块或容积。第二，平面形态可以通过观察者的视点运动线来表现运动，但无论观察者走到哪种角度，只要能看到画面上的形态，除了透视变形外，形态本身是不会改变的。立体形态则不然，它可以根据观察者位置的变化呈现出完全不同的形态，尤其是空间形态，如建筑内部或园林形态，观察者的运动路线具有特别重要的意义（图 7-18）。立体形态是通过观察者的实际运动来表现的。第三，光对平面形态来说，只是视觉现象发生的条件，对于立体和空间则是造形因素，即有光影、光泽、透明、光辉等给静止的量块以变化的紧张感，并影响其外形，又有使用光源物的立体和空间造形。第四，在平面中，材料和加工是作为视觉效果完成的，完全类似于绘画中的概念，在立体构成中，除此之外还作为材质感、肌理、空间感以及触感的样式，也就是说，通过材料和加工的体验，着重追求形态创造的各种变化。第五，立体形态必须立得住，并具有一定的牢固度，为此，美的追求必须建立在满足物理学重心规律和结构秩序的基础上，否则就不能成立。

图 7-18　雕塑作品

所有这一切，都是设计师的基本功，只会画画或者只懂得平面构成，那怎么行呢！也许有人要问："立体构成是否就相当于雕塑呢？"就像平面构成与绘画的同异一样，它们之间也有性质上的差别。首先，立体构成与所有构成一样，是相对于模仿的一种造形新观念。它努力探求形态的本质和造形的逻辑结构，是造形的方法论而不是造形艺术的一个种类。就立体构成而言，它不仅是材料媒介的运用，个人感情、认识和意志的表达，也是逻辑思维的运筹，它着重研究三维空间中视觉艺术的基本概念和原理,以及形式语言、表现要素和组合规律。其次,立体构成是一个运用实际材料进行造型创造的操作过程,没有固定的方向性。正因为如此,才会产生许多随机效果,及时把握这些偶然效果,会迅速提高造型的表现力。

1. 重建空间意识

空间意识是人们对空间的自觉性认识、体验和意志等心理活动的总和。人的意识有三个基本特征:自觉性、能动性和社会历史制约性。所谓重建,就是要恢复传统的空间意识——全面视境,就是冲破焦点透视的静观效果来创造动观效果,就是突破如实表现而强调虚实结合。那种"实体占有三维空间,人仅观察实体外部"的观念显然是太粗浅了。不错,实体占空间,但实体也控制周围的空间,要求周围的空间实体自身的运动,而这又都是以实体为主的空间,此外还有以空虚为主的空间(环境空间)。在那里,实体只不过是被用来限定空间的条件。可是一般人却只注意实体,空虚是在不知不觉中却无时不在地影响着周围,所以要建立空虚的空间概念。必须有意识地将自己化为空气分子,在实体内外游动,只有建立了这种空间意识,才能站在更高的层次上进行立体造型。

2. 走出平面

立体构成与平面图形构成有许多差别,但也有密切的联系。体量和外观是立体用来表达自己的因素,而体量和外观是由平面分布所决定的。空间形态从基础上升起,按地面上的平面法则去发展,平面本身就具有一种预定的节奏感。没有平面就没有伟大的意图与表现力,也不可能有韵律、体量和统一,所以平面分布是创造立体和空间形态的根本。所谓走出平面,就是在平面构成的基础上将平面图形立体化,它包括两种形式:从平面中切割图形构成立体;从平面形想象立体。

1) 从平面中切割图形构成立体

设计一个可以经切割后掀起,并有一定组合规律的图形(当然要考虑立体的效果),然后沿平面上的图形线切断(留一个方向或位置相连),通过折叠、弯曲,使之与原平面脱离,并进行新的立体组合:如果向前后做折叠,则成为可悬挂的立体形;如果只向一个方向做折叠,则成为具有底平面的立体形。这种立体有极显著的特征:

(1)它具有平面构图和立体造型的双重意义。

(2)该立体形可以恢复为一个平面,因此,可发展成便携式的造型设计。

(3)作为具有底平面的立体形,该立体具有平面上的负形(被切割后的残余形)和空间中的正形(脱离平面的形)相呼应的组合关系。如果材料具有一定的厚度,则这一效果更加显著,同时,这也成为平面布局和立体造型有机结合的思考原则。

2) 从平面形想象立体

任何一个实体的投影和透视轮廓都只是一个平面区域,这个平面区域的形状和大小,是根据该特定角度下物体的特性以及物体的各部分表面与此平面的对应关系而决定。反之,一个投影的点既可以表示平面上的或空间中的一个点,也可以表示一条垂直于平面的线;一条投影的线,既可以表示一条线(平面上的或空间中的),也可以表示一个垂直面。

3. 从具象到抽象

教育的本质是造型的创造性思维训练。所谓创造性思维,即不仅能揭露客观形态的本质及其内在联系,而且能在此基础上产生新颖的、独创的、有社会意义的思维成果。创造性思维要重新组织已有的知识,需要从多方面思考探索某种创新的内容,并要求创造性想象的积极参与。可以这样认为:造型的创造力是理性的构思和感性的想象力融合而产生的,培养和训练造型的创造能力应把握下列各点:

（1）重视原型的启发。

（2）注意知识累积和表象储备。

（3）重视求异的发散思维。

（4）加强逻辑分析。

总之，艺术创造必须掌握从具象到抽象的全方位技能。

形象的抽象化不是一种从无数个别范例中抽取其共同特征的过程，而是一种更加深奥的认知活动。客观事物可以被简化为由少数几个方向或形态组成的意象，可以设想存在比这种简化的意象更抽象的式样，这就是那些完全不带外部物理世界痕迹的抽象的结构或形态。例如，手势在说明一个问题时之所以十分有力，是因为它把其中最关紧要的性质或方面（物体和活动）单独抽取出来，从而引起人们的注意。

1）力的动态表现

连续的线材最容易表现力的运动变化，连续线的表情主要取决于运动的速度和方向。金属线的成型法主要是弯曲，作为立体造型，当然不是表现一个知觉对象的轮廓，而要通过线的空间运动表现体量：既要有形似，更要通过线的速度与动态的结合表现对象的神韵。

据说，元代书法家赵子昂写"为"字时，曾习画鼠形数种，穷极它的变化。他从"为"字得到鼠形的暗示，因而积极观察鼠的生活动态，从中吸取了"为"字形象的生命活力。因此可以说，"一笔画"的表现是物之生命活力的抽象，是生命力动的连续再现。中国奥林匹克运动中心有一线雕，看不到任何具体形象，但却把运动员的运动节奏、精神状态、雄伟的气势表现得淋漓尽致。

2）清晰明确的意义

这里简略分析罗马尼亚雕塑家布朗古西的创作过程，以此说明形象的抽象化是如何抓住精神意义而不断深化的。布朗古西的作品不少是系列性的，即同一主题由具象逐步变为抽象。例如，《睡着的缪斯》原是一个女人头像横卧在低矮的底座上，开头的作品具有苦恼的表情，后来表情消失，只呈静眠状态。接下来成为《呱呱坠地的婴儿》，最后成为一个带裂缝的蛋形，放在较高的金属支座上，命名为《世界的开始》。可以想象：一觉醒来，是一个新生活的开始；破壳而出，是一个新生命的开始……由于这一切的变化，世界开始了新的生活和生命历程。再如《空中飞鸟》，布朗古西以"圣鸟"为题裁从 1911 年连续创作到 1915 年，开始时是很具体的鸟的立像，后来逐渐变成一个抽象的流线形体，虽然没有了眼、喙、翅、爪，却把即刻腾飞而起那一刹那的力象（以微妙的一点保持均衡的螺旋桨式的块体，给人以挣脱重力吸引的感觉）表达得淋漓尽致，这就清楚说明：对事物整体结构特征的抽象把握，是知觉和一切初级认知活动的本质。而且只有将形似淡化、再淡化，才能将注意力集中到精神内涵上来。更何况将形态与意义联系起来，乃是中国传统的审美习惯。例如，苏州司徒庙的古柏，形态奇特，素有"清、奇、古、怪"之称，清柏碧越葱翠、挺拔清秀；奇柏主干折裂，但又生出新枝，生气欲尽而神不枯；古柏纹理紫纤，盘旋而长，方朴苍劲；怪柏曾遭雷斧劈为两片，一半升而挺拔，一半似蛟龙卧地。四树雄浑交错，阅历千秋，表达出四字的精髓。

3）分解构成——组合关系的程式化

虽然感知意味着对某种特定状态的突出特征的把握，但要解决一个问题却意味着要能够随时改变这种特定状态中的关系、重心、组合和选择方式，沿用立体的平面与立面规则，以便产生一种可以使问题得到解决的新的模式。例如，将原型肢解，利用被肢解的某些部分（自然形体），以一种非自然的秩序进行组合，其作用仅限于最简单、最清晰和最经济地体现"立体"的概念。当然，在人们用视觉图像对立体概念所作出的一切解释中，也包含审美的成分，进而还应寻求独立于自然的、新的、美的关系。

4) 抽象思考——立体想象

艺术的想象与偶然的、被动的、病态的现实变形根本不同,它是自由超越现实又更好地把握现实的思维形式。练习时要面对所给予的空间范围涌现丰富的形象。当然,想象也有思路,如将一直方体简化为相互平行的三个面,只要其中的一个面产生空间运动或变化,就会形成新的立体形态,而一个面的空间运动变化又可以分为相对高度的、深度的和宽度的变化;进而还有同一平面内的转动、依垂直轴的转动、依水平轴的转动、依倾斜轴的转动、依垂直轴弯曲、依水平轴弯曲、依倾斜轴弯曲等。

想象的练习首先要数量多,即在短时间内涌现出很多的形象;其次是质的变化,即客观化的必然性。例如,给定半球形、圆锥、圆柱、直方体等基本形,用线、面、块的要素表现对其的印象。先不考虑实际制作可能与否,只管无拘无束地想象,用笔画在纸面上,想象的思路就是"形态要素＋运动变化"。

4. 从量块到空虚

立体形态的创造不外乎是给无机性的物质以有机的生命,使冷漠凝固的物质成为有血肉之躯的人类感情的对应物。然而,在作为量块的立体形态中,认为空虚除了是包围统一体量的无性格的"场"或作为部分体量之间的空隙外,并没有任何积极意义,这很不公正。实际上,空虚就像雕像眼窝的凹坑那样,它不仅是间隙,而是参与雕像本质表现的要素(给予该作品以动的性格;不仅是视觉的有趣,还联系深层的精神表现)。于是,俄裔法籍画家及雕塑家佩夫斯纳(Antoine Pevsner, 1886—1962)等1920年发表了《现实主义宣言》:

(1) 为适合现实生活,艺术必须基于两个基本要素,即空间和时间。

(2) 体量不是空间的唯一表现。

(3) 运动的、有生气的要素才能真正表现时间,而静止的节奏是不充分的。

(4) 应停止艺术的模仿,必须发现新的形体。

于是,就开始了从量块意识向空虚意识的发展。诚然,空虚和量块是两种完全不同的造型要素,量块可以靠自身来表现,空虚则和建筑一样,靠组合材料、结合各部分来构成全体。人对量块的知觉主要是视觉和触觉,而且发生在对象外部;人对空虚的知觉主要是视觉和运动觉,而且是发生在量块之间,是从内向外观察。再者,量块所表现的是实在的映像,而空虚形态所表现的是运动的虚像。通常只注意量块,不大注意空虚,所以空虚形态对人的作用常常带有潜意识的影响。

1) 负量的效果——空虚的意义

在日常生活中有这样的经验:本来的凹面在一定的光影下随着视点的不同而产生凸起的效果(如对阴刻碑文从下向上投光)。即使不从这种光学效果出发,在心理感受上,负的量也可以等于正的量(一个雕塑头像把脸颊做成凹圆形,看上去该雕像仍然很胖)。这不仅使视觉变得有趣,而且赋予了作品一种动的性格。除此之外,负的量本身还有"容纳"、"接受"、"保护"的意义。例如,英国雕塑家莫尔(Henry Moore)一生中制作了许多女卧像,有的"从脖筋开始向上方强有力伸展的头部,依靠其周围宽大敞开的空洞更加突出地强调动势"(青铜《卧像》,1951年);有的如《斜躺着的裸女》,则通过中空的形状强烈地表现被动接受姿态,它"体现出外廓空间力的强大作用。它们不仅侵入了物质实体,而且对这一物质实体进行了压缩",从而体现了主动性和被动性相互作用的主题。再如西汉的《牛虎铜案》,将老虎的躯干变成空虚的牛棚,小牛躲在其中,明确传达了"庇护"的意义。

2) 透明材料的构成——冲破空间闭锁

空虚形态是从宇宙中分隔出来的,分隔的材料是实体(主要是面)。例如,一个立方体的空虚形态是由上、下、左、右、前、后的六个面分隔空间而构成的。如果六个面都是实在的、不透明的面,尽管它的内部是空虚的消极形态,人们因无法看到或进入空虚的内部,仍会被当作实体形态,所以,空虚形态与实体形态的根本区别在于人们可以看到或进入被分隔的、空虚的形态。透明材料能够完成这项任务,它可以带来在一个空虚的背后让人看到另一个空虚的两重或多重空间效果,仿佛使人透过澄亮的玻璃杯,去品味那洋溢着热情与活力的、玛瑙色的葡萄美酒。苹果公司的 G3 系列计算机的蓝色透明外壳将其内部元件一展无遗,揭开了高科技器材的神秘面纱,新奇大胆,引人入胜。为了研究这种透视现象,可用透明有机玻璃做成水平和垂直三个面构成的空间十字骨架,将空间分隔成八个部分,在每个部分中都组合比例不同的立方体或直方体,从而带来空间形式的变化。如果使用彩色有机玻璃,还可以得到明度阶梯变化的色彩效果。

3) 先后和序列——创造重点

由于空虚形态更强调运动,这就使得造型中既包含形体的大小和形状的差异,又包含时间的先后,只要这种时间与空间的相互关系不同,其视觉效果自然就各异。例如,有两张大小不同的正方形纸,分前后组成立体状,并追求平衡状态。一般的组合自然是小的正方形在前面,大的正方形在后面,以免小的正方形被大的正方形遮挡住。现在改变序列:要求大正方形在前面,小正方形在后面,但小正方形还要成为主角,为要实现这一目标,就要千方百计地减弱前面的大正方形的强度,加强后面的小正方形的印象。

4) 空虚形态的想象——动线的思考

既然空虚形态是通透的,可让人进入的,那么进出的路线(无论是视点运动还是亲历运动)就成为很重要的感情因素,"径莫便于捷,而又莫妙于迂"。"迂"之妙往往可从各种迷宫中获得。所谓"迂",除了曲折之外更要有许多意想不到的环路。不过,一般迷宫的环路均是平面的,如果将其环路变为立体起伏的,就像园林内假山中的幽径那样,一定会增添大自然的野趣。如何得到立体的环路呢?做一个旋转 720°的迈比乌斯环(最简单的迈比乌斯环是将一纸带的一端旋转 180°与另一端粘接),即可发现它的曲折是奇妙有趣的,而且是立体空间性的(图 7-19)。以这个环为通路(它既决定了平面的布局,又在一定程度上决定了空间关系),

图 7-19　利用 720°迈比乌斯环设计的雕塑

堆出四个石山形态来,并适当考虑山形外貌的美。这说明即使是动线相同,由于限定空间的立体形态不同,或者所选择的方位不同,也会产生完全不同的空间效果。

工业产品设计方法

产品设计是对产品的造型、结构和功能等方面进行综合性的设计,以便生产出符合人们需要的实用、经济、美观的产品。

产品的功能、造型和物质技术条件是产品设计的三个基本要素。功能是产品的决定因素,功能决定产品的造型,但功能不是决定产品造型的唯一因素,而且功能与造型也不是一一对应的关系。造型有其自身独特的方法和手段,同一种产品功能往往可以采取多种造型形态,这也是工程师不能取代产品设计师的根本原因所在。物质技术条件是实现产品功能和造型的基础,采用不同的物质技术制造的产品,会表现出不同的功能和造型。如椅子,选用不同的材质,相应要改变加工方法,最终设计出的椅子造型也会有很大变化。透彻理解并创造性地处理好这三者的关系,是产品设计师的主要工作。

设计师在进行产品设计时,先要了解产品设计的基本要求。

(1) 功能性要求:物理功能即产品的性能和结构的方便性、安全性、宜人性等;心理功能即产品的造型、色彩、肌理和装饰诸要素使人愉悦等;社会功能即产品象征或显示个人的价值、兴趣爱好或社会地位等。

(2) 审美性要求:产品的审美不是设计师个人主观的审美,只有具备大众普遍的审美情调才能实现其审美性。产品的审美往往通过新颖性和简洁性来体现,而不是依靠过多的装饰,它必须是满足功能基础上的美好的形体本身。

(3) 经济性要求:产品设计师必须从消费者的利益出发,在保证质量的前提下,研究材料的选择和构造的简单化,尽量减少成本,提高功能,这样才能为用户带来实惠,最终也为企业创造效益。

(4) 创造性要求:设计的内涵就是创造。产品设计必须创造出更新、更便利的功能,或是唤起新鲜造型感觉的新的设计。

(5) 适应性要求:产品总是为特定的使用者在特定的使用环境中使用而设计的。因此,产品设计必须考虑产品与人和环境的关系,要处理好"产品-人-环境"三者之间的关系,真正达到"设计以人为本"的要求。

除此之外,产品设计还应该是易于认知、理解和使用的设计,并且在环境保护、社会伦理、专利保护、安全性和标准化诸方面,也必须符合相应的要求。

8.1 产品方案创造的原则及注意事项

1. 进行产品方案创造时要遵循的原则

1）一切从功能出发

功能是产品的本质，是对功能实现方式的抽象。功能是不变的，实现手段是可变的，创造方案就是创造实现功能的手段。这里的功能包括精神功能和物质功能。

2）要富有创新精神

功能是目的，方案是手段，手段是多样化的。现有方案只是实现功能的一种方法，还有很多方法和方案有待去创造和探索，所以，在方案创造中要有勇于创新的精神。这正是发散思维应该遵循的原则。

3）麦尔斯十三条指导原则

麦尔斯是价值分析的创始人，他所提出的十三条分析原则，对方案创造具有重要的指导意义，详述如下：

(1) 使用最好、最可靠的信息；

(2) 收集一切可用的费用数据；

(3) 避免一般化、概念化，要具体分析；

(4) 发挥彻底的独创精神；

(5) 打破现有框框，进行创新和提高；

(6) 请教有关专家，扩大专业知识；

(7) 找出障碍，克服障碍；

(8) 将重要公差换算成金额来考虑问题；

(9) 尽量利用专业化生产的产品；

(10) 利用和购买专业化工厂的成熟技术；

(11) 采用专门的生产工艺；

(12) 尽量实现标准化；

(13) 以"我自己是否这样花钱？"作为判断标准。

2. 在方案创造过程中应注意的关键事项

1）注意克服思维障碍

在方案创造中，会出现许多思想与思维上的障碍，这些障碍阻碍了创造活动。

(1) 习惯。人们的许多习惯是从小养成的，长大以后又会无意识地增加许多习惯。有些习惯对于创造思考是非常不利的。在众多的习惯中最为常见、对创造最为不利的是说"不"。我们习惯了周围的环境，当有人要改变它时，我们会说"不"；我们吃惯了甜的东西，要我们去吃酸的，我们还是说"不"。所以，对于已经习惯的东西，往往不愿意去改变它，对于产品或功能的实现方式也是如此。这样就阻碍了对产品的改进。现在要学着不说"不"字。在方案的变化中会遇到很多非常规的方案，甚至表面上看非常可笑，但要记住不要说"不可行"。因为发展之后，它有可能是很好的，甚至是最佳的解决方案。

(2) 文化障碍。文化障碍是指由于各种文化和受教育程度的不同，给人们的头脑某种限制，从而阻碍了创造力的发挥。社会的发展在不断地增加人类的文明程度，同时也无形地增加了对人类自身的限制。这些限制又无形地影响人们的思维活动。例如，我们生活在一个有四面墙限制的空间里,老师总是告诉我们如何进行计算和遵守制度。总要小心翼翼地去做事,而不能触犯规则。这种文化限制是很难摆脱的。可以用爱斯基摩人九点问题进行测验。在纸上画九个点,排成矩阵形状,用四条线把它们连接起来,但行笔时,笔不能离开纸面,线段不能重复,如图 8-1 和图 8-2 所示。一般人都会说,这根本不可能。但是,生活在北极圈内开阔环境中的爱斯基摩孩子,却不费多少时间就把问题解决了,因为他们生活、工作的环境没有方角,所以他们的思维不受这些限制。冲破这种文化限制的最好方法,就是反常规思考,进行大胆试验、想象,不怕犯错误和失败。除了以上两点以外,还有许多障碍,下面以图的形式列出,以便认识,并加以克服(图 8-3)。

图 8-1 爱斯基摩人九点问题

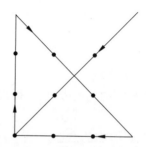

图 8-2 突破了文化的障碍,九点问题迎刃而解

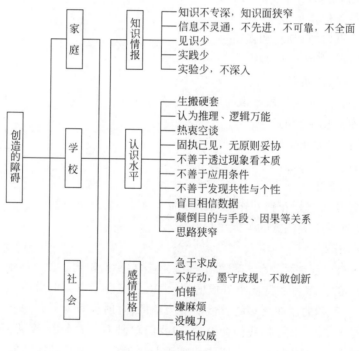

图 8-3 创造的障碍

2) 使创造性思维与创造活动在一个适宜的环境中进行,要把对问题的解决方案尽可能多地列出

人们在产生某种想法或方案时,总会害怕别人耻笑,而使自己处于尴尬的境地。所以,进行创造性思维时,一定要解除对各种新想法的指责。解决这个问题最有利的办法是在创造成员中统一思想,对这个问题进行充分认识。然后在进行方案构思时(集体创造时),每人发一张卡片,卡片的一面是红色的,另一面是绿色的。当某人提出不利于思维前进、妨碍更多方案产生的指责时,任何

一个人都可以把他的卡片翻成红色放于桌面。这样大家就意识到阻碍的存在,并很快解除这种阻碍。总之,在创造方案时没有任何想法是可笑的,必须等到对它们的评价才可确认。

3) 注意创造方法的运用

在长久的经验积累与大量的实践过程中,人们总结出许多关于创造的技法与方法,这些方法不仅能够提示人们的思维方向,而且有些是为了更好地制造一个和谐的环境与气氛。适当的时候,恰当地运用这些方案创造的方法能够使人们创造出更多、更好的方案。

8.2 产品方案创造的方法

对于方案创造,实际上没有统一的可遵循的方法。但是可以通过一些方法来激发人们的创造力。

人的创造力是非常强的,分析表明除极少数人以外,大多数人的创造力是同等的,但是这种创造力是无法检测的,通常使用的智商测验的方法很难真正检测出一个人的智商,更不能测出人们的创造力。所以应该坚定一个信念,即"上帝"赋予人们的创造力是公平的,任何人都没有理由不相信自己所具备的创造力。但是,这种创造力往往在长大以后由于各种原因(如社会、教育、文化等)而受到一定的束缚,所以应该通过制造有利于创造的环境和气氛、系统的分析方法,以及各种提示与暗示来激发和提高创造能力。

下面分别讨论这些有关方案创造的技法与方法。

8.2.1 方案创造的技法

方案创造的技法就是通过某种提示或引导,启发创造性思维或联想途径的方法与技术。通过这种方法,人们可以把自己的思路集中到某一个特定的路径上,以便集中精力实现"综合"现有方案解决问题的目的。

1. 移植(adapt)

移植是指把现有技术应用到另外一个产品中,或由一个东西引申出其他的东西等。"他山之石,可以攻玉",运用移植法可以促进事物间的渗透、交叉、综合。那么,它像其他的什么东西吗?它是否暗示了其他的设想?可以从这个产品中借鉴什么东西?例如:

(1) 战后的高速快艇是把喷气式飞机的发动机移植到快艇上的结果。

(2) 新一代电子密码公文箱是将集成电路控制的防盗、防抢报警器移植到手提式航空公文箱的结果。

2. 改变(modify)

改变原来产品的某些形状、色彩、声音、运动、气味,甚至含义以后,会有什么变化呢?这也会产生许多新的方案。例如:

(1) 冰箱的冷藏室原来在下面,把它的位置改到上面不是更好吗?

(2) 亨利·丁根将轴承中的滚柱改成圆球形,发明了滚珠轴承。

3. 放大(magnify)

可以把现有产品加高、加长、加厚、加大,这都是产生新方案的途径。能不能增加?能不能加倍?能不能夸张?例如:

(1) 加长汽车。

(2) 将多种圆珠笔芯放进一只加粗的笔管中,设计出多色圆珠笔。

（3）山地车轮胎是一般自行车轮胎的加宽。

4. 缩小（minimise）

能否使现有产品变得更轻、更短、更小？这也是对产品加以改变的方法。或者省去某些东西，把一个大的产品进行分解等。例如：

（1）笔记本计算机是计算机的小型化。

（2）折叠伞收缩了普通伞，从而方便了人们携带。

5. 替代（substitute）

能否有其他的元素、构造、材料、结构、能源、资源等进行替换？有没有其他的东西来代替？例如：

（1）塑料代替金属、玻璃。

（2）太阳能代替电能。

6. 重组（rearrange）

交换产品零件、变换产品次序、调整产品结构、改变因果关系等都是产生新方案的手段。能否将组件重新安排？交换它们之间的位置是否可行？例如：

（1）汽车的前驱动变成后驱动。

（2）电视机的按钮从右面变到下面或顶部。

（3）前苏联米格-25型飞机在米格-23型飞机基础上重新组合后，性能大大增强。

7. 倒置（reverse）

把前后、左右、上下位置顺序颠倒以后，会产生新的构思。例如：

（1）缝纫机的针眼在尖部而不是在后部。

（2）许多产品变换左右手柄位置，便于左撇子操作。

8. 拼合（combine）

是否可以把不同的单元、功能、结构组合在一起而产生新的产品？把不同的构思拼合在一起产生新的方案？例如：

（1）录音电话是录音机与电话机的组合。

（2）西门子6688手机将MP3与手机组合而成为具有随身听功能的手机。

9. 剔除（eliminate）

由于某种新技术、新材料或新结构的采用，有些零部件（或费用）可以剔除，不必要的功能也可以剔除，从这个角度讲，它是价值分析的基本方法之一。例如：

（1）高速悬浮列车，由于采用了磁浮技术，不仅省去了车轮，而且提高了车速。

（2）喷气式飞机采用竖直起飞方式，省去了笨重的着陆齿轮。

8.2.2 方案创造的分析方法

分析方法是采用各种分析手段把创造的思路引向特定目标，以帮助人们进行构思的方法。这类方法很多，这里重点介绍以下几种。

1. T. T 实现目标系统思考法

该方法是日本经营合理化中心的武知考夫提出的。T. T 是武知考夫的罗马拼音字头。这种方法逻辑性强，而且是为了实现某一目标而不断推进的，所以称为实现目标系统思考法，又称T. T. STORM 法（systematic thinking of objective realizing method）。其步骤如表 8-1 所示。

表8-1 T. T. STORM 法的步骤

序号	步骤	内容
1	集中目标	深刻领会所要研究的对象的真正目的,明确给予定义
2	广泛思考	发挥自由联想的效力,打破现有框框,提出多种新方案
3	搜索相似点	为了进一步发展已想出的方案,将各方案中的相似点抽象出来,并用一关键词给予恰当描述,针对这一关键词进行强制联想,使这些方案进一步得到发展
4	系统化	把能实现同一功能的各种方案系统化,并逐一设法将这些方案应用到产品上
5	排队	将提出的方案按其价值的大小进行排列,予以选择和分析
6	具体化和提炼	将各种构思方案具体化,并与其他功能和需要研究的对象联系起来,以求整体方案的具体化
7	制定模式	在确定新方案细节问题的基础上制定模式,根据该模式选出能实现所要求功能的最有价值的具体化方案来作为决策提案

2. 形态分析法

形态分析法(morphological analysis)是由美国的兹维基(F. Zwicky)教授提出来的。

该方法是首先寻找一个物品的特性或一个问题的维数,然后把这些特性(变量或参数)进行排列,最后检测它们之间的相互关系和可能的组合方式,以便选择解决问题的最佳方法。

图8-4是运用形态分析法创造一种新的交通工具。

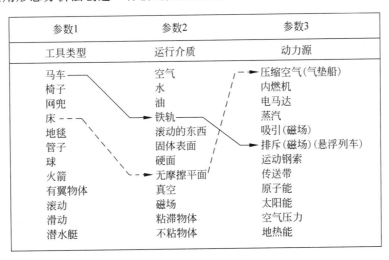

图 8-4 从不同参数组合中创造新交通工具

假设人们需要一种新的交通工具,经过分析把问题描述成如下形式:

需要创造一种"使用新的动力,在新的传输介质中行进的新型交通工具"。根据对上述问题的分析,可以把它分成三个维度(三个参数)。

- "交通工具的类型",这可以联想到马车、椅子、滑竿、床等。
- "工具运行的介质",这是第二个独立变量,其可能性有空气、水、油、地面、铁轨、无摩擦表面等。
- 第三个变量是"动力来源",可联想出压缩空气、内燃机、电马达、蒸汽、磁场、运动钢索、传输带、原子能等。

这些设想见图 8-4。

根据图 8-4，每个人都会根据自己的经验激发出不同的构思。有些人倾向于机械装置，有些人倾向于更有发明性的设想，有些人怀有偶然运气的态度。如果其中有 20 个设想，则总起来有 20×20×20＝8000 个可能的组合。这确实是一个庞大的选择范围。

例如，把床垫和无摩擦表面与压缩空气组合起来创造出气垫船。把马车、铁轨和磁场的排斥力结合起来就产生了悬浮列车。

实际上，许多方案都是从似乎可笑的想法中发展而来的。有时对现有问题的解答就在面前，形态分析可以提供意识到它们的线索。

3. 仿生法

仿生法(bionics)是研究自然界生物系统的优异功能、形态、结构、色彩等特征，有选择地应用这些特征原理，设计和制造崭新的产品的方法。最早把这种技术用作创造性思维方法的是美国的巴巴尼克教授。

图 8-5　蛋壳椅

人是自然的产物，大自然永远是人类的老师。仿生设计就是"师法自然"的体现。那么，到底从哪几个方面进行仿生呢？大致可将它分为形态仿生、功能仿生、视觉仿生和结构仿生四个方面。对于产品设计来说，矛盾的主要方面集中在形态仿生和功能仿生两个方面，即设计者应学会通过模拟自然物而达到创造新形态、新功能的目的。例如，麦秆的形态为什么是圆管状的？科学家发现，这种结构比任何结构的弯曲质量比都大。也就是说，它的抗弯曲能力最强，从而能承受风暴和麦穗成熟时的巨大弯力。雅各布森的蚂蚁椅、天鹅椅和蛋壳椅(图 8-5)等都是这方面的典范。

20 世纪 30 年代，在美国流行的流线型设计风行了美国和欧洲。可见，生物的仿造对设计的影响相当大。德国著名的设计师路易吉·克拉尼的作品可谓仿生设计的典范。他设计的"德鲁帕"茶具完全来自于自然形态，没有一根直线，所有曲线都充满张力感，奇特而富有生命活力(图 8-6)。如果从创造性思维的角度来分析克拉尼的设计，可以说这位大师的创造是基于科学思维、想象思维、联想思维和抽象思维之上的，是科学与艺术的绝妙结合。

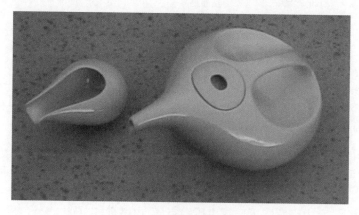

图 8-6　"德鲁帕"茶具

4. 类比法

类比法(synetics)是美国创造学家哥顿(W. J. Gordon)提出的。他在收集了物理、机械、生物、地质、化学和市场学等方面的专家发明创造过程之后,进行了分类编组和深入研究。他发现专家们在课题研究活动中,能够使创造活动成功的一些特殊技巧,就是把初看起来没有关系的东西联系起来进行类比。这就是类比法的基础。

应用这种方法,就是要把人们在解决问题时所做的假设和解决办法加以综合分类,以便有效使用。

常用的类比法有三种,即直接类比法、象征类比法和拟人类比法(表8-2)。

表8-2　类比法

类项	直 接 类 比 法	象 征 类 比 法	拟 人 类 比 法
基本过程	收集同某主题有类似之处的事物、知识或技巧,从中得到暗示或启发,进行自由联想,提出解决问题的办法	为了使一种技术上不完备的东西得到审美上的满足,从象征性类比中得到启发,联想出一种景象,进而提出办法	设身处地将自己比作主题中的事物,在这个立场和处境上考虑问题,以求获得启发,获得新方案
实质	通过抓住周围事物、动植物的机理等,来探索技术上的可行性	通过一些神话、神奇行为,联想这种行为在当代实现的可能性,探索技术上的原理	通过想象中的亲自体会来感受,从而得到新的启发
示例	水陆两用车: 有没有在水中、陆地上都能行走的东西?(自然物)龟—龟的机理—水陆两用车(产品)(仿生类比法) 气垫船: (空气)喷气飞机—喷气船—气垫船(水)	一种新型钥匙: (故事)念咒—声音—声波,声电信号转换原理—变换装置,根据此原理制成的钥匙(产品)—计算机原理制成的磁片(孔卡)钥匙(产品)	传递扭矩的轴: 把自己设想成轴—两边的力太大—好像自己承受不了—提示改进材料或改进安装的方法: 空间太狭窄—好像自己挤得难受一样—提出改进空间位置的布置

5. 特性列举法

特性列举法(attribute listing)是通过抓住一个产品或一个事物最基本元素的特征(或称特性),找到改进的目标,从而引导出各种解决的方法。其步骤如下:

(1) 把产品、零部件或某一过程所具有的特征全部列举出来。其中包括功能和产品特征、尺寸、形状、气味、感觉、颜色、用途、结构等。

(2) 想象自己就是产品自身,描述作为产品的感觉。例如,易坏的、圆的、长的、难制造的、导电的等,这样可带给特性改变的方向。如果信息不足时,这种方法更为有用。

案例分析　用特性列举法做螺丝刀的改进

(1) 列出现有螺丝刀的各种特性:

• 圆的。

• 钢杆。

• 木手柄(铆入的)。

- 楔形刀头(以便拧螺丝)。
- 手工操作(由扭转动作产生扭矩等)。

(2)想象一种或多种变化,改进每一特性,使它能够更好地满足需要。比如:

- 圆铁杆可以变成六边形杆。
- 用强度更大的塑料手柄来代替木手柄,以阻止断裂和电击的危险。
- 刀头可以换成适合不同类型螺钉的刀头,用电动代替手工操作。
- 扭力可以通过推力产生(转换)。

当特性和设计变化十分充分时,这种技术就会给出大量的产品改进机会。一般来讲,本方法适于简单产品。

6. 风格吸收法

风格吸收法是指从大师的作品中吸取设计元素,在产品设计中融入文化风格,使其更具有精神价值。英国建筑师和设计师麦金托什设计的一系列高直式座椅,显然带有哥特式风格的简练、垂直的味道,同时也反映了新艺术的特点。里特维尔德将以蒙德里安为代表的风格派绘画艺术由平面

图 8-7　蒙德里安式 H 型女装

推广到了三度空间,他设计的红/蓝椅,通过使用简洁的基本形式和三原色,以一种实用的方式体现了风格派的艺术原则。

后现代主义的设计师则用一种游戏的方式运用风格吸收法来设计。他们强调设计的隐喻意义,通过借用历史风格来增加设计的文化内涵,同时又表达出幽默与风趣之感。例如,1969年意大利的设计组织阿基佐姆设计的"米斯"椅,以一种幽默观点来模拟米斯·凡德罗设计的巴塞罗纳椅,充分表现了新现代主义对现代主义的发展和超越,在这里看到了文脉的延续。阿尔多罗西设计的"艾恩布莱"煮茶壶,高耸的锥形壶盖、笔挺的壶身、宽厚的壶底收展造型令人想起欧洲古老而又威严神圣的教堂,这是从建筑中汲取设计表现元素而又创造出新形式的例子。

总而言之,向大师学习,不仅仅局限在设计品上,还包括绘画、雕塑、建筑等,当然这种学习不是毫无批判地抄袭,也不是19世纪的那种集仿生主义式地堆砌,而是将自己的理解化为创作的元素,既有借鉴,又要消化演变,从而形成自己的设计程式,也就是要多思考,正如孟子所说:"心之官则思,思则得之,不思则不得也。"(图 8-7)

7. 抽象设计法

1)抽象的目的

简单来说,抽象的目的就是要抓住设计问题的本质。设计思维最根本的内容就是如何迅速地透过光怪陆离的表面现象去抓住事物的本质,赋予它正确的定义,并进行分类综合、分析,然后再出色地创造出与事物本质相符的形式和方式,激发事物新的生命力。在方案设计的初期,致力于了解设计任务的本质问题,可以扩宽思路,求得最优化的解。

再分析爱斯基摩人的九点连线问题。在一个平面上有九个点,要求铅笔不离开纸面画出四条直线,并把这九个点连起来。很多人没有抓住这个问题的本质而被次要问题限制了思路。他们认为铅笔不离开纸面而画出的直线是首尾相连的,那么直线改变方向的转折点只能在某一黑点处。

其实这个问题的本质是：用铅笔不离开纸面画出的四条直线连接排列有序的九个点。抓住了这个本质，问题的解决方案就很容易找到了。

如为餐厅设计洗碗机。如果只按字面理解或习惯的想法，就是设计一种使软质物体与碗连续摩擦而达到洗碗目的的机器。沿着这个方向走下去很容易限制了设计思路，设计者也很难找到最优解。但如果把设计任务理解为一种除掉餐具上污垢的装置，这就为设计思路敞开了大门。可以用化学方法、机械方法、物理方法等多种方法去掉餐具上的污垢，而这种工作可以是连续性的，也可以是间断的、不受外形大小的限制。这里的设计也就是对"洗碗"的方式的设计，方式改变了，设计的产品也必然会以一种全新的形象出现。

抽象是确定设计任务的核心，突出本质功能，以便让设计师从习俗中解脱出来，为设计任务最优解创造条件。也可以说，通过抽象能高度概括所陈述的问题，忽略次要的，甚至是不必要的表面限制束缚，让设计师在大视角范围内求解。

2）抽象的方法

抽象就是对设计任务的再认识，运用抽象法要把每一阶段抽象的结果写出来。抽象方法要抓住两点：

（1）陈述问题要高度概括，尽量不提及表面限制与次要问题。

（2）以要求为基础，对设计任务的功能进行多次陈述，且一次比一次更抽象。

下面以为高速公路设计扫雪车为例说明抽象方法。

第一次：高速公路扫雪车。

第二次：高速公路扫雪装置。

第三次：快速、大面积扫雪装置。

第四次：快速、连续消除大面积路面的积雪。

经过最后一次抽象，对这个设计的理解已不仅仅停留在"扫"字和"车"字上了。在抽象的过程中，设计师可以张开思维的风帆在创造的海洋里畅游。

8.2.3　方案创造的集体思考方法

这类方案创造的方法主要是通过制造一个适宜的环境，让大家集体思考，并相互启发，以激励每个人的创造力。主要包括头脑风暴法、哥顿法、635法、德尔菲法等。（参阅第4章，在此不再进行介绍。）

8.3　方案创造的程序

遵循正确的原则，选择合适的方法，就可以进行有效的方案创造了。

英国皇家艺术学院工业设计系的阿契尔（L. Bruce Archer）教授曾提出设计程序三阶段六步骤。三阶段为分析阶段、创造阶段与制作阶段。在分析阶段应以客观的观察、衡量及归纳为主；创造阶段需要包罗万象，以主观来评价，并用演绎法来推理，当最初的决定成立之后，即准备设计图、进度表等，再运用客观及解析的方法决定发展的方向；制作阶段把构想完美地表达出来。设计程序循着安排程序、资料收集、分析、综合并决定方针、发展、表达等六个步骤，每一个步骤互相重叠交错，以求得最终问题的解决。设计程序如图8-8所示。

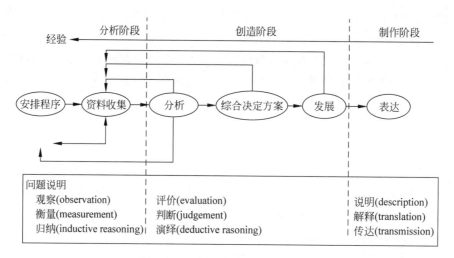

图 8-8　设计程序的三阶段六步骤

8.4　产品设计程序

　　产品设计程序好像是一份三明治,每片面包不论其厚薄,创造活动永远存于第二层,客观分析则在其前后。这种设计程序的阶段划分明确、回馈路线清楚,设计行为中输入条件很清晰。

　　日本建筑学会设计方法委员会制定的产品设计程序分为四个阶段十个步骤。它的基本模式分为程式阶段、技能阶段、生产阶段、工业化阶段,十个步骤为设计目标(即设计条件)、程式计划(基本事项)、意念与资料(针对主题收集资料)、模型分析(技能的资料分析)、综合、发展(生产程序的设计基础)、设计决定(设计完成阶段)、结果检讨、效果综合、下一主题,见图 8-9。

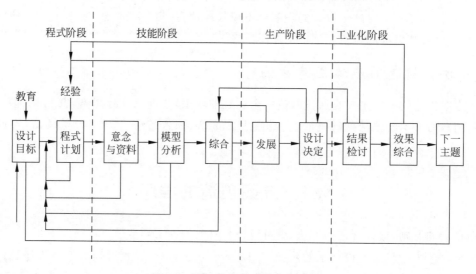

图 8-9　设计程序的四阶段十步骤

　　美国青蛙设计公司是世界著名的设计公司。多年以来,青蛙公司确信,要赢得媒体、人心和金钱,最为行之有效的方法就是整合管理的方法,即青蛙设计公司所称的整合战略设计(ISD)。整合战略设计可以将设计公司的能力与客户的能力结合起来。它可以设计公司的某一个专项或以一个设计部门的方式解决客户面临的挑战,也可以是该公司五个设计部门的共同协调合作。整合战略设计还能够通过全球创造网调动亚洲、欧洲、以色列、美国的合作者和横贯亚洲国家的产业同盟进行合作。对青蛙设计公司来说,整合战略设计是其战略理念,"形式追随情感(form follows emotion)"则是这一理念的核心,它将非生命的结果赋予了灵魂。这一信念将情感注入设计的解决方案中,通过公司的雄厚实力将前所未知的用户需求和文化趋势转化为全新的形象、产品和环境。

青蛙设计公司的设计程序分为六个阶段,如图 8-10 所示。

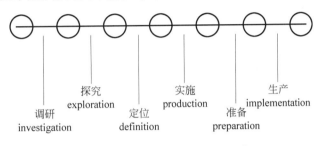

图 8-10 青蛙设计公司的设计程序

1. 调研

在这一阶段,首先对客户所要解决的问题进行了解,对客户的产品、企业、用户和相关需要进行详细深入的了解和调研。

(1) 预研、调查与研究。

(2) 项目交付方式确定。

(3) 竞争分析与战略计划确定。

(4) 技术要求、交付平台与媒体讨论。

结果:项目发展计划。

2. 探究

这是一个创造阶段,通过将前一阶段所获得的调研结果以及客户的信息加以综合,寻求以创新为导向的解决方案。

(1) 概念创意、发明与视觉形象创造。

(2) 人机工学与人机界面调研。

(3) 工程设计和细节模型创作。

(4) 材料和生产方法改进。

(5) 音效、浏览导航图和计划需求概略。

(6) 内容与技术构架的定位。

结果:概念创意和方案选择。

3. 定位

根据创意和客户的意见,进一步调整方案构思的外观、细节、色彩、特征和功能要素。

(1) 方案深入和评估。

(2) 三维动画、色彩方案和有关图纸表达。

(3) 完成外观模型或概念样机。

(4) 3D、CAD 表面处理、模具和供应商资源开发。

(5) 用户测试。

结果:设计开始。

4. 实施

在此阶段所有的工作都是为了将确定的设计投入生产制造。

（1）最终工作准备和生产要求确定。

（2）模具报价和材料成本核算。

（3）第三方供应商报价程序。

（4）视像、音效制作及录音合成。

（5）项目发展及用户测试继续。

结果：进入生产。

5. 准备

对 2、3、4 阶段的结果进行测验，确认所有的设计工作均已完成，开始准备产品的生产制造。包括模具、生产前的工装准备、生产计划和有关工艺文件印刷等。

（1）模具与供应商管理协调。

（2）工装协调。

（3）装配文件及质量标准设定。

（4）第一件试制品确定及生产确认。

（5）最终计划与用户测试。

结果：进入生产线。

6. 生产

最后的阶段包括对产品生产的监理，确保生产中产品的质量、效用等。

（1）生产制造流水线。

（2）产品问题的最终解决方案。

（3）最终模具与网站的实施。

（4）CD-ROM 制作。

结果：进入市场。

综上所述，解决设计问题的合理方法必须符合完整的逻辑推理方式，过程要明确，如上述所列的参考实例涵盖的各阶段、步骤。更明确而言，设计程序由给予条件（即设计目标）起，经程序计划、资料收集、分析，乃至于构想的提出、探讨、发展，设计决定，进而绘图、制作直到完成，这一连串的过程和精确的步骤必须在周密的执行与管理下进行。因此，一般的设计程序可简化分为四个阶段：分析现状、界定目标、创新开发、实施方案。

（1）分析现状。在接受设计委托后，首先进行市场调查，用图片搜集或速写记录的方式，结合访谈了解市场上现有的产品类型，发现产品的实质功能。经过对产品技术参数的分析，以及问卷访谈调查的综合比较，了解产品之间的相互差异、需求变化、市场前景、法律法规、企业状况、技术条件等，以确定产品开发的设计方向。

（2）界定目标。为了透彻了解产品的结构功能，可从产品功能的实现手段，或从结构图、零件图上分解产品的构造，由表及里地深入了解产品功能，并根据零部件的功能界定和功能整理，发现新方案的创意启迪，寻找实现产品功能的新手段、新方式和新途径。

（3）创新开发。首先根据前一阶段所得的资料，及时归纳和整理，提出可行的设计构想，再绘制大量的构思草图捕捉创意，描述设计意图，通过功能评价完成产品功能与成本的最佳匹配；进行创意反馈，比较设计方案；以科学方法优选设计方案，进行技术可行性、经济可行性、社会可行性、综合可行性分析，完成创新方案的概略评估。在整理过程中，要充分了解方案的实质内容，不要把表面上看来没有联系而本质上有联系的提案排除掉。此外,在淘汰和判断方案取舍时,不要轻易否定那些看似可笑的方案,要进行足够的分析,也许这些设想可以发展成非常好的结果。还有,那些属于具体改进的内容和意见要单独整理,以便方案具体化时参考使用。

(4)实施方案。绘制各种零件图、结构图、效果图;对功能改良及成本变动情况进行详细评价后估算效益;制作模型或样品;通过技术鉴定和数据测试;完成整体设计报告书,附齐所有图表资料,申请实施批量生产;进行技术指导;完成包装装潢及产品宣传册设计,将产品全面推向市场。如遇困难时应给予必要的修正,力求成品尽善尽美。

8.5 产品设计案例

8.5.1 数字卫星接收器设计

委托单位:中国长征火箭公司武汉分公司

设计单位:武汉理工大学艺术与设计学院郑建启工作室

数字卫星接收器(digital satellite receiver)是中国长征火箭公司武汉分公司出品的高技术电子设备。2003 年,武汉长征火箭科技有限公司和武汉理工大学工业设计系郑建启工作室达成合作关系。由郑建启教授带领的工业设计工作室成员和武汉长征火箭科技有限公司的技术人员共计 15人组成专题设计组,进行新产品的开发。本次设计聚焦于重视社会需求和可行性分析以及生产者和使用者双方的利益,从而设计出经济、合理、实用、美观的数字卫星接收器。

1. 项目服务范围

(1)卫星接收器的外观造型设计。

(2)操作菜单界面设计。

(3)产品包装盒和说明书设计。

2. 设计流程(图 8-11)

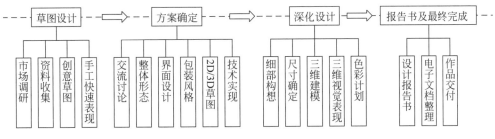

图 8-11 数字卫星接收器的设计流程

3. 进度计划(图 8-12)

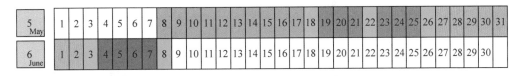

■ 双方交流讨论

注:界面设计人员驻厂设计时间视设计进展而定。

图 8-12 数字卫星接收器设计的进度计划

4. 设计研究阶段

1) 使用群体分析

（1）使用者特征分析：购买者一般生活质量较高，有一定文化水平，收入稳定，审美水平较高。但家庭内的使用人群比较广泛，除去一般的家庭骨干成员，还包括老人、小孩等。

（2）使用者分类：国内使用群体与国外使用群体；男性使用者与女性使用者；知识水平高的使用者与知识水平低的使用者等。

（3）使用者价值分析：男性使用群体通常多喜好阳刚、结构稳定的造型；女性使用者则通常喜好柔和、流畅的造型。不同知识水平的使用群体对产品的结构、色彩、使用流程等方面有不同的需求。

2) 竞争对象分析

有效分析竞争对象首先是明确本产品的竞争者，然后分析他们的策略、优势和弱点，最后根据与竞争对象的综合比较，进行策略选择。

（1）相关产品分析：同类产品，相似产品如 DVD/VCD（略）。

（2）市场产品分析：由于目前国内这一领域的竞争对手尚不多，而且开发出来的产品主要用于出口，所以竞争对手主要来自国外。

（3）设计策略分析：此次设计属于创新型设计。

3) 使用环境分析

（1）自然环境：一般在室内使用，无风吹日晒，温度适宜。

（2）经济环境：购买者多为稳定收入的家庭。

（3）技术环境：当前国内设计水平可实现良好的设计、开发与制造。

（4）文化环境：使用群体较为广泛，文化层次落差较大。

4) 产品风格分析

通过分析国内外的优秀工业设计产品，比较和分析它们的风格，取其交集作为本次设计定位的参考。图 8-13 是本次设计的参考风格。

图 8-13　数字卫星接收器设计的参考风格

5）设计定位

以同类产品的设计风格为参考，结合委托方的生产技术水平、产品成本预算、市场需求、用户需求等因素，得到本次设计目标的归纳性定位（图 8-14）。

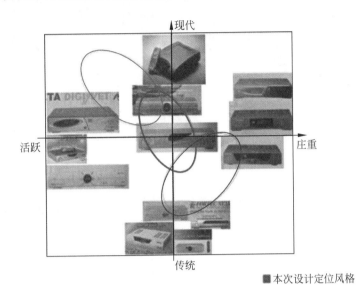

■本次设计定位风格

图 8-14　数字卫星接收器的设计定位

6）设计目标

采用系统的概念来分析，设定设计原则与目标，把人、产品、环境的关系视为一个完整的系统。分析影响系统的有关因素，综合这些因素，评选重要影响因素作为设计的目标，其设计目标用层次关系表示如下。

（1）使用的安全性，包括：

① 操作语义明确：直接的功能联想和操作联想。

② 人机尺寸适合：适合使用者生理特征。

③ 结构形态安全性：结构安全，外表面安全。

（2）操作轻便简单，包括：

① 操作性：简便的操作方式，清晰的人机界面，舒适的操作界面，方便收藏。

② 舒适度：视觉感受舒适，人机操作合理等。

（3）良好的品质与维护，包括：

① 良好的品质：精良的品质，较长的使用寿命，使用损耗低。

② 清洁与维护：易清洁，易维护。

5. ID 设计阶段

1）设计草图→方案筛选

在设计研究的基础上，各设计成员通过发散性思维，设计方案草图 40 个左右。图 8-15 示出了其中几种。

通过各方面综合考虑，各成员之间的讨论、筛选，最后确定四款认为最具有发展潜力的方案（图 8-16）。

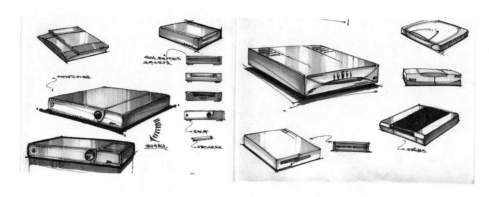

图 8-15   部分设计方案草图

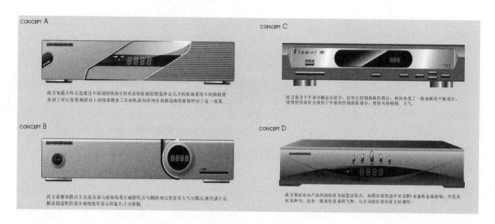

图 8-16   初选方案

2) 方案确定

通过和客户交流,以及更进一步考虑生产成本、结构要求和制造工艺等因素后,确定了图 8-16 中的 B、D 两款方案,在与厂方的技术人员和模具人员深入交流后,在保持原有设计风格的基础上,对结构、工艺不合理的地方进行了修改,最终得到图 8-17 所示的方案。

已确定方案一

时尚、大气、流畅的曲线

已确定方案二

简洁、大方、富有现代感

图 8-17   最终方案

3) 设计深化

(1) 细部深化。设计聚焦于产品最显眼和使用最频繁的部分,如按键排列与卡槽的安置。以方案二为例,翻盖的连接位置、卡口安排、里面的按键与卡槽的位置排列都是需要考虑的地方。

翻盖面板里面的按键主要是菜单键(menu)、确定键(OK)和上、下、左、右四个方向键。排列充分考虑了人机工程学,在保证强度的同时让人使用舒适。IC 卡槽安排在按键的斜下方,方便读取,另外预留了其他卡槽的位置,如图 8-18 所示。

(2) 效果图。如图 8-19 所示。

（3）界面设计。如图 8-20 所示。

（4）包装设计和说明书。如图 8-21 所示。

机箱侧面的散热孔和紧固螺钉设计——保证功能的同时注重美观性

图 8-18　细部设计

图 8-19　效果图

界面设计方案之一：轻松、活泼、卡通化

界面设计方案之二：科技、时尚、动感、数字化

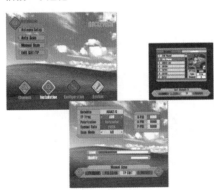 

图 8-20　界面设计

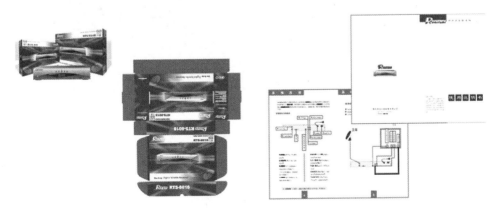

图 8-21　包装设计和说明书

针对产品设计进行全新包装,动感、时尚且具视觉冲击力,充分体现了高科技产品的特点。对产品的使用说明书进行重新设计,使其更加美观、合理和实用。

6. 结构设计阶段

(1) 根据塑料开模工艺和材料强度等要求,设计出合理的细部结构(图 8-22)。

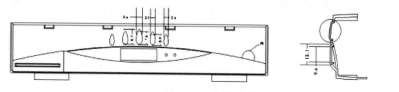

图 8-22　细部结构设计

(2) 运用 AutoCAD 画出产品的机械结构图(图 8-23)。

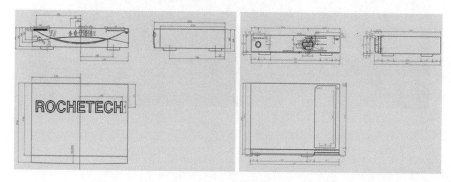

图 8-23　机械结构图

(3) 产品模具设计,运用 PRO/E 软件绘制产品的模具图,以实现下一步的塑料开模(图 8-24)。

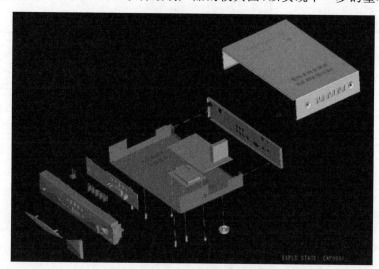

图 8-24　模具设计

8.5.2　高级旅游船(维多利亚 6 号)设计

委托单位:长江海外旅游总公司

设计单位:武汉理工大学艺术与设计学院郑建启工作室

2005 年，长江海外旅游总公司和武汉理工大学艺术与设计学院郑建启工作室达成合作关系。由郑建启教授带领的工业设计工作室成员组成该项目设计组，进行本次产品的改良设计。

1. 项目服务范围

高级旅游船设计。

2. 产品结构现状

旅游船现有结构图如图 8-25 所示。

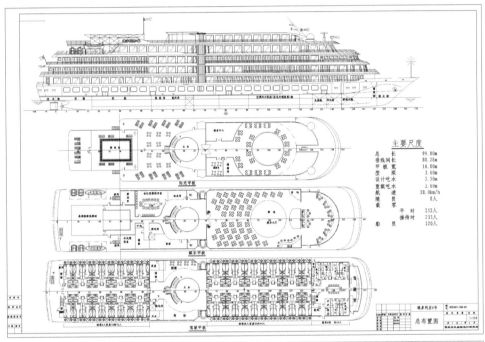

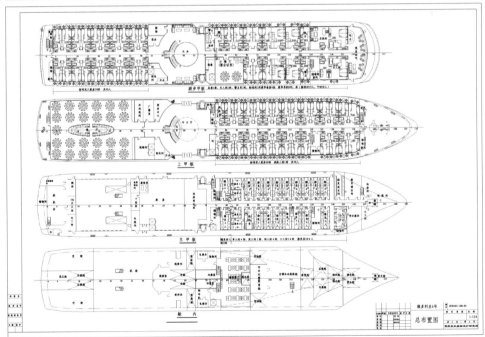

图 8-25 旅游船结构布置图

3. 设计进度计划表

5月	1	2	3	4	5	6	7	8	9	10	11	12	13	14	15	16	17	18	19	20	21	22	23	24	25	26	27	28	29	30	31
6月	1	2	3	4	5	6	7	8	9	10	11	12	13	14	15	16	17	18	19	20	21	22	23	24	25	26	27	28	29	30	

■调研与资料收集　■概念草图设计　■与甲方交流　■方案第一次深化　■方案第二次深化
■交流与制作时间　■最终作品交付

4. 设计研究阶段

1）使用群体分析

（1）使用者特征分析：本艘轮船的乘坐者都具有高层次的修养和欣赏水准及较高的社会地位。

（2）使用者分类：国家领导人、政府官员、企业家、外国元首、国外友人等。

（3）使用者价值分析：由于使用者地位、身份的特殊性，所以此项设计在体现时代感与高贵的同时，也要有稳重感、肃穆感、庄严感。

2）竞争对象分析

（1）产品分析：同类产品，相似产品，如海上行驶的轮船。

（2）设计策略分析：此次设计属于改良型设计。

3）使用环境分析

（1）自然环境：长江（武汉至重庆段）。

（2）经济环境：消费者为高等收入群体。

（3）技术环境：当前国内设计水平可实现良好的设计与制造。

（4）文化环境：使用群体较为广泛，文化层次较高。

4）产品风格分析

通过分析国内外的优秀轮船外观造型设计，比较和分析它们的风格，再结合使用者、使用环境的特殊性，为本次设计定位提供了全面的参考。由于轮船的形体宏大，涉及的功能很多（如每个甲板的用途不同决定了造型不同），这就对本次改良设计如何整合与协调这些功能，以及内部结构等问题提出诸多要求。

5）设计定位

为国家高级领导人在长江进行考察、旅游观光而设计的豪华客船。

6）设计目标

用系统设计的方法分析得出如下目标。

（1）外观设计的合理性，包括：

① 外观尺寸与内部结构尺寸适合。

② 符合长江航运要求。

（2）必须考虑游轮的使用目的，达到符合旅游观光要求。

（3）人性化因素，要求设计能够很好地满足操作人员、工作人员及乘客的生理与心理需求。

5. ID 设计阶段

1）设计草图→方案筛选

在设计研究的基础上，展开草图创意，产生各具特点的设计构思（图8-26）。

讨论之后可继续发展的方案如图8-27所示。

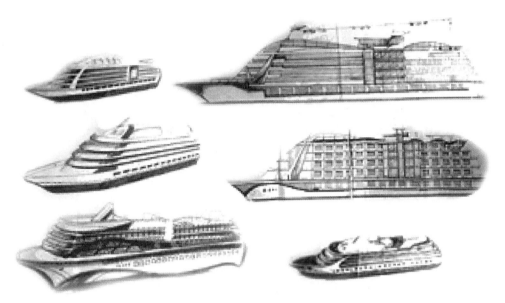

图 8-26 方案草图

方案一

方案二

方案三

方案四

方案五

方案六

图 8-27 初选方案

2）方案确定

经过与委托方的认真磋商和意见交换，最后确定图 8-27 中的方案六为选定方案（图 8-28）。除了有部分形态的大胆创新、造型整体之外，该方案入选的最主要原因是其整体外观结构与已快竣工的船体内部结构能够相匹配，不致在建造外观时影响内部结构的位置，尤其表现在观光电梯的设计上，基本与改良前的设计保持相同，这样也减少了施工困难和生产成本。

图 8-28 选定的方案

3）设计深化

虽然方案被确定下来，但也存在不少问题，如阳光甲板的游泳池必须是封闭式设计；阳光甲板采光玻璃部位应是圆形截面；阳光甲板要考虑休闲区间的设置；轮船救生设备的设计及空间考虑；两个卫星天线的设计与空间考虑；船体色彩方案与公司企业形象的吻合；船体吃水部位上部的窗户玻璃不符合技术要求；船头劈浪部位的形态问题。

针对存在的问题，设计方进行了认真修改。修正的方案如图 8-29 所示。

图 8-29 第二次修改后的方案

考虑到客人室外观光的问题，委托方又提出需要扩大船头室外观光场所的面积，因此将驾驶甲板前部向前延伸，直接与船底前头连成一体，这样既增加了客人的观光面积，又使得旅游船整体造型更加整体、协调。

所以船体造型又做了第三次修改与完善（图 8-30）。最终效果图如图 8-31 所示。

图 8-30 第三次修改后的方案

图 8-31 效果图

结合系统、信息、控制论的设计方法

20世纪80年代,伴随着新技术革命浪潮而来的是崛起并发展的系统论、控制论和信息论。如今,人类社会走入了一个崭新的知识综合时代,变化的时代要求有新的方法论的指导,系统方法就是应时而生的适应大综合、系统化潮流的方法。要把握这样的世界就要具备系统方法这一具有时代性的工具。

社会发展的复杂性、多变性,用过去那种不同学科、领域孤立提出和解决问题的思维方式已不可能全面地认识和解决复杂的问题。也就是说,时代要求从事设计艺术的人必须使用一种科学的思维方式才能应付纷繁复杂的社会,从而产生好的设计作品。一个产品的创新在纵向上要适应市场预测、技术开发、产品研制、造型设计、调运储存、流通销售等各个环节;在横向上又与生态、人口、文教科研、社会发展、文化习俗等因素紧密联系、互相协调、互相制约,成为一环扣一环的巨大复杂系统,同样,设计的各个领域都不可能再是一项孤立的工作。现代系统科学不仅为人们提供了科学的系统观,还为人们提供了崭新的系统思维方式。系统思维方式是解决现代创造过程中复杂问题必备的思维方式。曾任美国总统的卡特称"系统方法是革命性的新概念"。系统论、控制论和信息论三门理论同中有异,异中有同,其共同特点是把对象作为包含信息流和控制机制的有机系统来考察。三论只有一论,即系统论,它们构成了系统科学。三论的核心思想——系统观,也是人类理论思维和科学方法论发展的产物。

9.1 现代系统思维方式的兴起与思维方式的变革

9.1.1 系统论的产生

系统论又称普通系统论或一般系统论(GST)。这是美籍奥地利理论生物学家路·冯·贝塔朗菲首创的一门逻辑和数学领域的科学。系统论是从对理论生物学、非平衡态热力学及控制器的具体规律的研究,上升到对复杂系统一般规律的研究,再上升到对一切系统的共同规律的研究。当然,系统论发展到今天,已不仅仅限于此,而成为各个领域具有革命性的新的方法论。

现代系统论虽产生于欧美,但中国古代劳动人民和思想家却最早实践了系统思想,产生了古代系统观。以公元前260年那场君臣大赛为例来说明。齐国赛马场上战旗猎猎、鼓声震天,齐威王和大臣田忌正在赛马,双方各出上、中、下三匹马,齐王的马略强,开始田忌三战三败,经谋士孙膑指点,重新排列马匹的出场顺序,以下马对王上马,中马对王下马,上马对王中马,以两胜一败获胜。田忌在整体弱于齐威王的情况下,通过比赛策略的改变而扭转乾坤,最终取得胜利。

四川都江堰是闻名中外的古代水利工程。今天,站在都江堰"离堆"上,俯视汹涌奔腾的岷江急流驯服地流过"宝瓶口",灌溉成都平原数百万亩良田沃野时,谁不叹服这一朴素系统工程观的结晶!李冰父子的高明不在于率领民工开山垒渠,而在于他们宏阔精妙的系统思路。都江堰工程实际上是由"鱼嘴"分水工程、"分沙堰"分洪排沙工程、"宝瓶口"引水工程三个子系统构成的系统。三个子系统缺一不可:没有"鱼嘴",岷江上游带来的大量泥沙就不能排入外江;没有"宝瓶口"特殊构造的束水作用和"离堆"的顶托,江水就形不成回旋流,泥沙就越不过"分沙堰";没有"分沙堰","宝瓶口"就会被大量泥沙堵塞,岷江就无法通过这个"龙头"流向下游平原。可见,这三大部分构成了完美无缺的系统联系,体现了古代卓越的系统观。直到今天,人们还可以从都江堰学到不少有价值的思想。

《梦溪笔谈》中记载的北宋丁渭重修皇宫"一举而三役济"的工程,也同样体现了一种朴素的系统运筹观。北宋祥符年间,皇宫被焚,丁渭受命限期重建。工地"患取土远",又远离水道,运输材料困难,面对如此多的困难和即将到来的最后期限,丁渭该怎么办呢?经过勘察,他终于找到了解决的办法:在皇宫旧址前大街上挖出宽大渠道,引进汴河水;然后把挖出的土烧成砖,再把其他建筑材料用船沿挖出的水道运入工地,皇宫建好后,用工程遗留下来的碎砖废土填塞河道,"复为街衢"。"一举而三役济"、"计省费以亿万记"。这是个用系统方法解决了紧急困难的精彩之作,在感叹古人卓越智慧的同时,是不是也看到了系统方法在那里熠熠闪光呢?

9.1.2　系统论与思维方式的变革

系统就是由相互联系、相互作用的若干要素组成的具有特定功能和运动规律的整体。所谓系统方法,即从系统观点出发,始终着重于从整体与部分之间、部分与部分之间、整体对象与外部环境之间的相互联系、相互制约的关系中综合精确地考察对象,以达到最佳处理问题的一种方法,其显著特点是整体性、综合性、最优化。系统思维方式的诞生是人类认识方法的一次革命。系统思维方式是根据人们解决复杂系统问题而总结出来的现代科学思维方式,对于设计者来说,则是要求将设计对象按系统来加以考察的一种方式。

今天,"系统"已成为科学思维不可缺少的一个范畴,当今是发现系统、认识系统、构建系统、控制系统的时代。系统是物质存在的普遍属性,大量系统客体本来就是客观存在的,但前人还没来得及充分认识它们的系统性。现在,随着人类认识能力和手段的长进,人们具备了系统头脑和系统眼光,许多综合的系统客体正在逐步被揭示。现在展示在人们眼前的已不再是"实物世界",而是"系统世界"、"综合世界"。思维方式势必随着认识对象的改变而更新,主要体现在以下几个方面。

1. 从对象性思维转向系统性思维

系统论的产生,促使人们从认识个别对象转到认识"对象系统"或事物的"种"和"类",从以认识部分为主转向以认识整体为主,即从对象性思维转向系统性思维。对象性思维是指仅就对象本身来认识个别事物,对其全面联系和功能上的"非加和性"特征认识不够;系统性思维要求主体具备系统头脑和系统眼光,应当注重认识对象系统,注重对象的结构、关系和整体,也就是由认识对象的单质、单层次、单维、单变量、单因果关系过渡到认识其多质、多层次、多维、多变量复杂因果关系。

以生态系统的"食物链"为例，达尔文列举了羊-三叶草-土蜂-田鼠-猫之间的联系。以对象性思维来看，羊就是羊，猫就是猫，不会去考察"第三者"，因此也看不到隐藏在事物与事物之间的密切联系，而在系统性思维看来就不同了：羊群喜欢吃三叶草，羊多草少；土蜂喜欢采三叶草的花蜜，草少则蜂群繁殖慢；田鼠喜欢偷袭蜂巢，蜂少鼠少；猫以吃鼠而生，鼠少则猫少。于是羊多猫少、羊少猫多，羊与猫这两类看来互不相关的动物就通过"生态系统"这座桥梁联系在一起了。日本经济的起飞靠的就是这种系统思维能力：电视机、计算机、汽车技术都是各国已有的、常见的，到了他们手里，经过综合、消化、再创造，就变成了全新的东西。近几年兴起了"旅游热"，设计师在规划好风景区后，相应地要考虑到其他的吃、住、玩、行的条件。其连锁反应是：一个风景区要进得去、散得开(提供车、路条件)；要住得下(提供住宿条件)、玩得好(提供各种游乐设施)、吃得方便(开设各种餐厅)……设计师应能根据这个"旅游链"未雨绸缪，否则就会给游人造成不便。

今天，对象性思维之所以必须变革，系统性思维之所以必不可少，是有深刻的客观原因的。20世纪中叶以来，由于人类认识活动水平、实践活动水平的大大提高，以及科学技术的突飞猛进，客体、主体和主客体的中介——实践都发生了革命性的变化。

1) 客体趋向系统化

著名系统论学者邦格曾提出关于"系统哲学"的八条公理。其中"每一实物不是系统，就是系统的成分"(公理一)、"除宇宙外，每一系统都是另一系统的子系统"(公理二)、"宇宙进化到今天，存在五类系统：物理的、化学的、生物的、社会的和技术的"(公理三)这几条公理讲的无不是系统的普遍性问题，也是有科学根据的。系统性是客观世界在一切结构等级上表现出来的物质属性。

远古时代，人类盛物用的器皿，由于当时认识水平和技术条件的限制，只能用陶土烧制，再加上简单的花纹装饰就已经是很理想的陶罐了。今天，呈现在眼前的器皿，无论从功能、样式还是装饰来看，都丰富多彩、品种繁多。这说明现在的器皿设计考虑的不仅仅是满足盛物的功能了，而有其更丰富的层面。从生产到运输，到销售，再到使用；从原材料到加工制作；从不同使用者的需求到同一使用者的不同需求；以及文化、风俗，甚至环保等方方面面都将成为影响设计的要素。因此，必须用系统的眼光来考察问题。

2) 主体趋向系统化

人体科学的发展、人类自我认识能力和理性思维能力的提高，使人的系统化进程也愈加迅速。现代科学(如发生认识论，"格式塔"心理学等)不断揭示出人脑、人的心理生理、人的自我意识的系统性质。同样，人的思维过程也具有系统性，作为人的思维的产物的科学也愈来愈系统化了，同时产生了许多具体的系统论学科，如生物学系统论、社会系统论、美学系统论、技术系统论等。总之，主体自身也日益系统化，因此，它决不拒斥系统性思维，二者理应是"同构"的。

3) 实践趋向系统化

在任何实践活动中都存在系统问题：在时间上，是由历史实践、现实实践构成的；在程度上，它又是由初级实践、高级实践组成；在自身结构方面，它还是由目的、手段、对象和结果组成的系统，其中实践各要素又自成系统。"实践系统工程"要求自觉运用系统思维加以总体规划。

可见，系统性思维方式的产生正是适应了由上述三方面构成的世界系统化的要求。

2. 向系统整体思维转化

客观事物的系统性、整体性是系统整体思维产生的客观依据。系统整体思维就是坚持从整体性原则出发，始终坚持把思维对象放在系统之中加以考察和理性把握的方法。系统整体思维是系统思维方式的核心。

系统整体思维的一个特征是思维的连续性,即坚持系统过程观点,在确定思维对象后,思维主体就应把它视为一个有机延续而不间断的发展过程,是系统发展链条中的一环,不能中断完整的思维过程。一个对象总是与其他客体处于千丝万缕的联系之中,只选其所在系统长链条中的"一段"加以考察,往往无法完整地加以把握,必须具备"由此及彼"的思维功夫和系统思路,视野才能开阔,"不识庐山真面目,只缘身在此山中"讲的就是这个道理。

企业 CIS 设计就是一项系统工程。它由理念识别(mind identity,MI)、行为识别(behavior identity,BI)、视觉识别(visual identity,VI)三个子系统构成不可分割的完整系统。它以结合现代设计观念与企业管理理论的整体性运作,强调统一化、标准化、规范化,树立企业在公众心目中的形象,增值企业的无形资产。CIS 设计是系统设计理论成功运用的典范,MI、BI、VI 三个子系统中,每一子系统内部又存在与子系统相适应的各种内部要素,它们为了一个共同目标而相互组合、相互作用、相辅相成、彼此制约,形成三者缺一不可的整体关系。图 9-1 所示为企业 CIS 设计中的 VI 设计。

图 9-1　企业 CIS 中的 VI 设计

系统整体思维的另一个特点是思维的网络性,即思维主体要从纵横交错、有机"互补"的系统之网中去考察客体,在思维中再现"对象系统"这一网络及其每个扭结。

3. 向全方位立体思维转化

美国著名的系统科学家、国际系统协会联合会主席 G.J.克尔利依据科学发展的特点,对科学进行了新的分类:16 世纪以前产生的是"前科学";从 17 世纪中叶到 20 世纪中叶产生的是"一维科学";"二维科学"大约从 20 世纪中叶开始发展起来,其特点是产生了关于系统的科学。实际上,一维科学的思维方法是平面式的、孤立的、分析的,二维科学的思维方法是多方位的、综合的。从一维科学向二维科学的发展也就是从单维型思维向多维型思维发展的进程。

唯物辩证法认为,时间是一维的(一去不复返),空间是三维的(长、宽、高或上下、前后、左右)。现代物理学中的"四维世界"概念,实际上是指三维的空间存在于一维时间之中。世界上实际存在的事物都是同时存在于三维的空间和一维的时间之中,是时空的统一。三维空间的存在决定了思维方式的"立体"性。所谓"立体"思维,是指在认识客体时,要注意其纵向层次和横向要素的耦合、时间和空间的统一,在思维中把握对象的立体层次、立体结构和总体功能。不但要有"三维思维",更要有"四维思维",即研究事物运动的空间位置或结构时,要考察其时间序列;研究事物运动的时间关系时,要考察其空间位置。立体思维实际上是"时空一体化思维"。就从事设计工作的人来说,

图 9-2　走下楼梯的裸女

克服平面式思维,对于全面把握素材、总体考虑问题以及创造灵光的突现是十分必要的(图 9-2)。

立体思维既要贯彻系统过程的观点,又要注意横向网络考察,达到历时性和同时性原则相结合。

与立体思维密切相关的是全方位思维。全方位思维就是从单向思维转为多向思维和逆向思维。它要求思维主体站在不同的角度,巡视对象的各个侧面,环视它与周围各方位上事物的联系,思维具有辐射度、多向性。全方位思维有利于开启创造的闸门,可以促进新思想、新理论的产生。有这么一个故事:某公司派了两名推销员到某地去开拓市场,其中一个很快就发回报告:"该地的人都没有穿鞋的习惯,因此,市场潜力为零。"而另一个则报告说:"该地无人穿鞋,市场潜力很大,应大力开发。"果然,不久后者大获成功。面对同样的一件事实,得出了两种截然相反的思维结果。从中不难看到思维多向化不可低估的现实意义。

立体思维与多向思维在功能上是互补的,二者共同构成了全方位的立体思维方式。

9.2　系统设计原理与方法

9.2.1　运用系统方法的原则

系统方法就是把研究对象放到系统中加以考察的一种方法,即从系统的观点出发,着眼于系统与要素、要素与要素、系统与外部环境之间的联系,综合而精确地掌握系统本质及其运动规律,以达到最佳处理的方法。

系统方法突破了传统思维方式的狭隘眼界,是根据客观事物的一般系统特征去认识、改造客观事物的方法。运用系统方法要遵循以下五个基本原则。

1. 整体性原则

整体性原则是揭示系统本质的最高原则。作为一般方法论原则,它要求:第一,无论研究一个要素、子系统,还是认识它们之间的关系和作用,都要从系统整体出发,以整体为准绳,以整体为归宿;第二,随时随地都不要忘记把对象作为一个由诸多要素或子系统组成的系统来考察,把握其整体构成和整体运动规律;第三,应把对象放到它所属的系统之中去考察,系统整体的性质与规律只存在于组成它的诸要素的相互联系和相互作用中;第四,系统中各要素的联系不是线性的因果链,而是互为因果的网络。传统的方法往往把整体看成一个个事物或过程的简单的组合体,系统方法所综合的对象往往不是单个事物而是一类事物,要对事物系统的要素、层次、结构、有序度、功能、因果网络及反馈关系等加以综合考察,也就是"立体综合观"。

贝塔郎菲和许多系统论研究者都认为"整体大于部分之和"(即整体功能大于孤立部分功能之和)是系统论的"基本原则"或"定律"。恩格斯曾提到过,拿破仑描写过骑术不精但有纪律的法国骑兵和当时无疑是最善于单个格斗但没有纪律的骑兵——马木留克兵之间的战斗,在双方军队总人数不同的情况下,如果分散作战,三个法国兵敌不过两个马木留克兵;相对集中兵力,一百个对一百个,势均力敌;而集中一千个法国兵就能打败一千五百个马木留克兵。为什么会产生这种用常量数学观点难以解释的现象呢？关键在于整体效应和整体质变，即"系统效应"。系统论认为，在一个系统中，要素功能优不等于整体功能优；要素组合有序，会产生"系统效应"，使系统整体功能产生质变，导致整体功能大于部分功能之和；反之，结构无序，即使要素功能再优，也会产生整体功能小于部分功能总和的现象。

在一个系统中，实现整体大于部分总和的内在机制是：

（1）由于系统内要素之间有序结构的形成，使要素的总和作为一个统一的整体发挥作用，从而产生整体质的飞跃。这可以叫做"结构质变"或"构变"，构变会引起功变（功能变化）。

（2）部分在整体中所起的作用大于孤立于整体之外时的作用。整体为各部分提供了最理想的活动环境，使得它们可以"各尽所能"，在整体中发挥各自的最大作用；而且部分在构成整体时要失去自己某些旧质，而获得某些新质，从而使作为功能统一体的系统整体功能大于孤立部分功能的总和。

思维科学揭示的也同样是人的思维过程和产物的系统特征。

2. 开放性原则

开放性是指任何系统只有把自己保持在不断与外界进行物质、能量、信息交换的状态下，才能具有抗拒外界对它的侵犯、维持自身的动态稳定的功能。开放性越高的系统，其适应能力越强，发展水平也就越高。系统设计运用这一观点去观察和处理问题，称为开放性原理。

如动植物都是一个不断与外界进行物质、能量、信息交换的系统。植物从外界吸取实物、阳光、水分和空气，又不断排出废物和废气才能维持自己的生存和发展。一个海胆胚胎即使把它分为几块，只要外界条件合适，使其处于能不断进行物质、能量交换的状态，它就能自己恢复原状，维持其动态稳定状态。

太阳系是一个开放系统，它一方面不断向外界抛射物质，辐射能量；另一方面，它也不断从其他天体得到物质和能量，正是在这种物质、能量交换中才能维持自己的稳定。一旦交换停止，太阳系就失去生命。

人类社会也是一样，只有使自己保持与自然界不断进行物质、能量、信息交换，否则，经济、科技、文化等是很难得以维持和发展的。设计也是如此，设计前，大量的调研以及资料的查询，都是向设计师脑中输入信息，旧信息重新组合后，新的设计方案也就产生了。因此，设计师在设计时，应始终注意新信息的吸纳，要具备接收信息的敏感性，闭门造车是很难有所创新的。

3. 层次结构原则

任何系统都是多级别、多层次的有机结构。系统与子系统（要素）是相对的，组成系统的要素本身也是一个系统。不同层次的系统具有不同的性质，遵守不同的运动规律。例如，微观世界服从量子力学的规律，宏观世界遵守牛顿力学的规律，宇观世界服从相对论力学的规律。另外，各层次之间又相互作用、相互转化。高层次系统的功能和规律不等于低层次系统功能和规律的简单叠加。同样，任何系统的诸要素间都有各自的排列组合方式，具有独特的结构。不同的结构会产生不同的功能，功能是结构的表现，功能对结构又有反作用。事物的发展，除了量变达到质变以外，还会由于事物内部结构的不同而有质的不同。

4. 目的性原则

目的是指在行动前，设想行动所要达到的结果或意愿。由于人们在实践中首先必须确定系统应达到的目的，按照人们的意愿调节系统，使系统的发展自觉地导向目标；又由于任何系统的发展都有多种可能性，而系统内部结构和反馈作用只能使其中一个状态变为现实，使系统趋向一个目的，所以，系统的目的经过努力是可以实现的，它并不是一种"超自然"的神秘东西。把这一原则付诸实践,一要注意确定系统的明确目的,并调动一切力量和手段把系统导向预定目标;二要在系统运动过程中根据实际条件和可能有"弹性"地调整系统的目标;三是系统目标有时是多元、多层次的,次级目标要服务于总目标,有时甚至要牺牲次要目标而保证总目标的实现。

对不同产品进行设计分析所要解决的问题是不同的,即使相同的产品,由于所要解决的问题不同,也必须进行不同的分析,拟定不同的解决方案。设计必须有明确的针对性,要着眼于特定问题,致力于寻求最佳策略。

5. 最优原则

系统最优化是指在一定约束条件下达到系统的最优结构和最好功能。但在实际系统中难以达到绝对的最优,而只能是相对于某一特定环境和条件下的优化。因此,设计时要把握"圆满"原则,该舍则舍,谨防过犹不及。

9.2.2　适应大综合的方法:系统方法

1. 分析与综合

以产品设计为例,在产品设计中,运用系统观点就是要以产品整体效益为目标。也就是说,产品本身是一个有机体,在这个有机体中有更小的划分,而在产品之外有其所处的环境。正如功能手段树所示,在主要功能之下,有众多的辅助功能,都有其各自的功能和目标,这些辅助功能只有彼此协调配合,才能达到主要功能的共同目标。如果只研究产品中的某些问题,只考虑产品中某些辅助功能和目标,而忽视了其他辅助功能和目标,就会影响整个产品的功能和目标。因此,任何一项产品设计都应是一项系统工程,都必须全面而周密地考虑产品的整体和所有辅助功能的功能及其之间的关系,尽量避免顾此失彼。另外,还要考虑产品及其与所处环境之间的关系、与人的关系,既要考虑生产工序、工艺材料选择等因素,还要考虑市场要求、协作关系、运输原材料供应等情况。设计师如想在产品开发设计的全过程中,充分掌握其全盘性和相互联系及制约的细部问题,一定要有系统的观念,这样才能更好地控制各项设计因素,提纲挈领地解决问题。

系统设计之前,首先要了解系统设计方法的两个重要方面:系统分析与系统综合。系统分析是系统综合的前提,通过分析,为设计提供解决问题的依据,加深对设计问题的认识,启发设计构思。没有分析就没有设计,但分析只是手段,对分析的结果加以归纳、整理、完善和改进,在新的起点上达到系统的综合,这才是目的。系统分析和综合是系统论的基本方法,它要求不像以前那样,事先把设计对象分成几部分,然后再进行综合,而是将对象作为整体对待,其基本原则是局部与整体相结合,从整体和全局上把握系统分析和系统综合的方向,以实现系统整体的和谐统一为总目标。

系统分析就是为使设计问题的构成要素和有关因素能够清晰地显现,而对系统的结构和层次关系进行分解,从而明确系统的特点,取得必要的设计信息和线索。系统综合是根据系统分析的结果,在经过评价、整理、改善后,决定事物的构成和特点,确定设计对象的基本方面。

系统的分析和综合是系统设计的基本方法。分析和综合只是相对来说的。一般来讲,分析先于综合,对现有系统可在分析后加以改善,达到新的综合。对于系统分析和系统综合而言,要求把分析和综合的方法与系统联系起来,从系统的观点出发,用分析和综合的方法解决设计中的有关问题,为产品设计提供依据。图9-3表示了系统分析和系统综合的基本过程。把设计对象及有关问题看作系统,对这些系统的构成元素的联结关系进行认识和解析,在此基础上进行设计构思,经过反复分析、综合和评价,直至得到满意的结果。在经过评价、整理、改善后,决定事物的构成和特点,确定设计对象的基本方面。此时应尽可能做出多种综合方案,并按一定的标准方法加以评价,选出最佳的综合方案。总之,系统分析和综合就是一个扩散和整合交织的过程。在产品设计中,一个新产品的产生涉及功能、经济性、审美价值等方面,采用系统分析和综合的方法进行产品设计,可以把诸因素的层次关系及相互联系等了解清楚,发现问题、解决问题,按预定的系统目标综合整理出对涉及问题的解答。

　　具体而言,一般一个产品的设计要进行以下几个方面的工作:现有市场的分析,包括市场全览、需求分析、趋势分析、收集产品样本等;使用方式分析、工作分析,包括各年代生产出的产品的使用方式有哪些不同以及如何改进等;机能分析,首先是功能手段树的分析,研究同类产品的机能状况、结构特点、形式,与使用相关的分析,使用者调查、销售者调查和请教专家、研究专利规定和国家标准,收集有关资料、造型状况进行系统比较,同类产品、相似构造产品的比较,以使新发现的问题得以解决。

2. 结构功能原理在产品设计中的应用

　　系统的各要素之间存在特定关系,形成一定的结构。结构是系统中各种联系和关系的总和。这些关系可以是数量关系,也可以是空间关系,还可以是时间关系,更重要的则是相互制约关系(相互作用结构)。

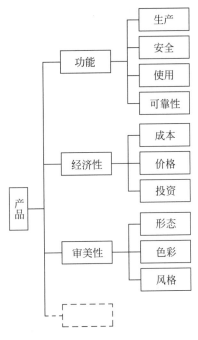

图 9-3　产品系统与分析

　　系统的结构使它成为一个有特定功能的整体。功能是系统的内部关系和外部关系中所表现出来的特性和能力。功能当然也是一种属性,但它不是要素属性,也不是某个部分的属性,而是系统整体才有的属性,例如,消化既不是消化道细胞的属性,也不是胃的属性,而是生命机体的属性。功能之所以为整体所具有的,是因为功能需要以结构为载体,须在系统各要素的功能耦合中凸显出来。从这个意义上说,功能是由结构决定的。一种结构可以表现为多种功能,一种功能也可以映射出多种结构。结构与功能之间不存在一一对应的关系,结构与功能的辩证关系提供了实践上的方便。为实现一种功能,原则上可以找到多种结构,这使得设计有了优化的可能(图 9-4)。

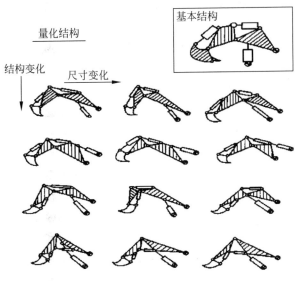

图 9-4　挖土机排列与尺寸变化

产品结构一般具有层次性、有序性和稳定性的特点。结构的层次性是指根据产品复杂程度的不同,它的结构可能包含零件、组件、部件等不同隶属程度的组合关系。例如,汽车可分为车身、底座、发动机、操纵装置等部件,而发动机又可分为气缸、活塞、曲柄轴等组件,活塞上又有活塞环等零件,由此形成了结构的多层次性。在这种隶属关系中,上位结构体的功能目的是靠下位结构体作为手段来实现的,两者之间存在目的和手段的转化。

结构作为功能的载体,依据产品功能目的来选择和确定。例如,洗衣机的功能目的是对衣物进行洗涤去污,实现这一功能的技术方法是多种多样的,既可以利用波轮的转动产生水的涡流来洗涤,也可以利用超声波振动产生水压的变化来洗涤。不同技术方法的实施要用相应的结构来保证。也就是说,同一种功能可以由不同的结构和技术方法来实现,在结构与功能之间并不存在单一对应的关系。产品结构的演化反映了科技发展的历程。此外,同一种结构也可能具有多种不同的功能,例如,一个杠杆机构,既能实现力的放大,又能产生位移的变化。因此,功能与结构之间是双向多重对应的关系。

9.3　现代产品系统化特征

现代产品作为人类文明的产物,是由多个相互联系的要素构成的集合体。产品设计活动便是构成这一集合体的过程,而这个过程本身又是若干分支过程的集合体。所以,产品设计是一个过程系统,并且从宏观上来看,它又从属于更大的系统。产品设计系统观的建立可以使人们改变产品设计概念局限于单纯的技能和方法的认识,而将产品设计纳入系统思维的体系中;可以将设计的概念从实物水平上升到复杂的系统水平。这与当前科学技术和社会的发展是相适应的。

9.3.1　产品流通过程系统化特点的体现

现代工业社会可以将存在的循环过程"产品—商品—用品—废品"看作一个由多个子系统构成的系统,而其对应的行为动作就是"生产—流通—使用—回收"。在这个系统中,实现了从创造价值的子系统到实现价值的子系统的转化,这个过程也就是商品化的过程。同样的对象在不同的子系统中扮演着不同的角色,在产品系统中,它是设计对象与生产对象;在商品系统中,它是销售对象与推广对象;在用品系统中,它是使用对象;在废品系统中,它是回收再利用的对象。由此可以认为,各个子系统间虽然有很大差别,但也存在互为依存的关系,随着现代化的发展,它们之间的界线越来越模糊。

可以看到,由于社会经济的发展,市场竞争加大,传统的将生产和经营两大系统分离的状态正在被打破,企业为了谋求生产系统的快速反应,在适应市场需求变化时更具有柔性生产能力,正在调整原有企业组织结构、管理体制及工作方式,向产品设计、制造、流通、市场连接紧密化、一体化的方向努力。设计、生产、销售、市场等原先在企业内部独立的、不同的部门,也趋向于成为紧密衔接的统一体,企业的经营活动和生产活动、经营管理和生产管理之间的界线、各个职能部门之间的界线正变得日趋模糊。这就要求企业运用系统的理论与方法指导整个过程。

9.3.2　产品变型系列化特点的体现

现代产品系列化有其产生的背景:首先,外在条件发生了变化,社会、经济的不断发展对产品提出越来越高的要求,如要求产品性能更宜人化、生产效率更高、生产发展必须符合环境保护要求等;技术发展带动产品整体技术水平提高,原有产品必须不断移植与融合新技术。

其次,操作对象发生了变化,产品加工对象发生变化,产品必须做相应的变异,如加工工件强度、硬度的提高对车床的设计提出更高要求;产品应用范围扩大、工作条件发生变化,如水下作业要求对某些地面作业产品结构做一定变动。

再次,产品自身发展的要求,产品以内在矛盾为依据不断发展变化,其发展与重大突破必须符合其内在矛盾的发展规律;产品在全生命周期不同阶段有不同变异发展要求,如在成熟期,更多从结构变异、工装改革上入手;产品必须不断降低成本、改善性能以提高市场竞争力;产品使用中暴露出原设计不足之处需加改进。

为满足越来越广泛的市场需求,提高产品的竞争能力,以变异求创新,在已有产品的基础上开发系列化变型产品是发展的趋势。

系列产品应具有灵活的特点,根据市场需要推出多种变化的产品;在保证质量的前提下成本低、性能价格比高,同时设计、生产周期要短。

在系列化产品设计中,"零件标准化、部件通用化、产品系列化"是提高产品质量、降低成本、得到多品种多规格产品的重要途径。尽量采用标准化零件,在不同规格或不同类型产品中提高部分零件或部件的通用程度,便于管理、维修,且能大大降低成本。

根据生产和使用要求,经过技术经济分析,将产品的主要参数和性能指标按一定规律分档,合理地安排产品的品种规格,这样就形成产品的系列。

系列变型产品一般分为纵系列、横系列和跨系列三类。

(1) 纵系列产品。纵系列产品是一组功能相同、原理相同、结构相同(或相近),而尺寸、性能参数不同的产品。如载重 2,5,8 和 10 吨的载货车系列,不同压力和流量的齿轮泵系列等。纵系列产品一般综合考虑使用要求和技术经济原则,合理确定产品由小到大的尺寸及由低至高的性能参数。若主要尺寸和性能参数按一定比例形成相似关系,则称为相似系列产品。

(2) 横系列产品。横系列产品是在基型产品基础上扩展功能的同类变型产品,如在普通自行车基础上开发的变速车、赛车、加重车、山地车、沙滩车等都属自行车的横系列产品。例如,某厂生产的挖掘机根据用户需要可配普通挖斗、开沟的特殊挖斗和便于卸料的钳式斗,可采用固定工作台或在一定角度内回转的工作台,驾驶室有封闭式、敞开式等,由此组成横系列的挖掘机。横系列产品具有较强的市场竞争能力。

(3) 跨系列产品。跨系列产品是具有相近动力参数的不同类型产品,它们采用相同的主要基础件或通用部件。如推土机、翻斗车、装载机、平地机、铲运车、洒水车、压路机等不同用途的工程机械,其动力部件和控制部件是通用的,以较少种类部件实现多种功能的工程机械族是一种典型的跨系列产品,在生产和军事上具有特殊的实用意义。跨系统产品设计时必须要细致分析,确保各类产品都能满足功能要求且经济效益比单机设计明显有利,才能体现出系列产品的优越性。

9.3.3　产品设计与生产系统化特点的体现

如今,产品的开发设计与生产的方法和手段,较之以往发生了很大的变化,其中重要的变化就是围绕计算机的信息技术的应用。产品设计与生产系统化特点的体现在于产品生命周期设计(life cycle engineering design,LCED)的应用。

LCED 从并行工程思想发展而来,其目标是所设计的产品对社会的贡献最大,而对制造商、用户和环境的成本最小。它是一种在产品设计阶段考虑产品整个生命周期内价值的设计方法。这些价值不仅包括产品所需的功能,还包括产品的可生产性、可装配性、可测试性、可维修性、可运输性、可循环利用性和环境友好性。生命周期设计要求设计师评估生命周期成本,并将评价结果用于指导设计和制造方案的决策。由于 LCED 的核心是在设计阶段将产品对环境的负担降低到最低水平,因此 LCED 在一些场合被称为绿色设计,其产品被称为绿色产品。LCED 的基本构成见图 9-5。

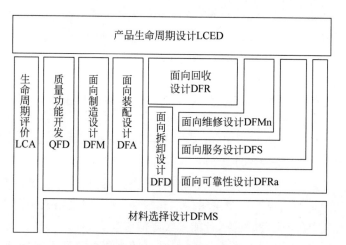

图 9-5　LCED 基本构成图

生命周期设计的核心思想包括系统观、并行观和集成观。

1. 系统观

系统论及其系统设计方法是适用于研究各种领域的理论和方法。生命周期设计方法包含丰富的系统思想,主要表现在以下几个方面。

1) 整体性

产品的生命周期包括市场需求、产品设计、制造加工、销售、使用和回收处理六个阶段,面向不同阶段的设计方法和工具成为生命周期设计方法体系的基本组成要素,这些阶段性理论方法有的比较单一,不再进一步划分为更基本的单元,如 QFD、DFM;有些能够继续细分,由其他次一级要素构成,如生命周期经济性评估包括制造经济性、回收经济性等多个方面;DFE 包括制造过程的污染排放、使用阶段的耗材污染及环境影响、回收处理产生的环境负担等。

正是这些阶段性理论工具按生命周期全局资源优化目标有机地组合在一起,形成了产品生命周期设计的总体框架,表现出整体的性质和功能,成为一种新的设计方法。

2) 层次相关性

层次性是系统的基本特点,生命周期设计作为一门系统的设计方法体系,也具有层次性。生命周期概念的层次性从方法论的高度影响设计人员的层次性思维模式以及产品结构的层次性,因此三者之间存在密切关系。

3) 整体最优化

广义优化是现代设计的宗旨,是设计过程的一个重要方向。就每一项设计而言,总有相互矛盾的要求,如产品的优异性能和低廉价格的矛盾,原材料开采和自然资源保护的矛盾。设计结果也存在正反两个方面的影响,如重型载货车一般都采用柴油机以满足大功率要求,但柴油机排放的浓烟却与城市居民的空气清新要求相抵触。设计时寻找各种矛盾要求之间的平衡,找到在正反影响之间的平衡,这种方法叫做最优化。

生命周期设计明确包含优化的观点,如产品生命周期整体资源优化、当代与后代资源共享优化等。这种全局优化的思想可用目标与约束表示。

(1) 目标：使代表设计策略(如费用最小、环境影响最小)的总体功能效用最大化。

(2) 生命周期约束：生命周期设计的关键是在设计阶段综合考虑所有的生命周期约束条件，包括：

① 市场约束，决定产品市场生存周期的长短。

② 功能约束，产品的设计意图应满足用户的功能需求，包括大小、形状、强度等设计参数。

③ 制造约束，技术条件、材料、数量、设备、劳动力等。

④ 财政约束，设计费用是最重要的考虑因素之一，但通常财政支出是有限的，因此只对比较重要的方面进行财政核算。

⑤ 环境约束，有关环境保护法律条文。

⑥ 服务约束，包括维修约束、更换零部件约束、处理约束、回收约束、重用约束和拆卸约束。

生命周期设计要求尽可能平衡生命周期中所有的因素，达到总体效果最优的目的。

2. 并行观

生命周期设计继承了并行工程的组织模式和运行机制，同时对并行工程有所发展，并行的观点是生命周期设计的一个重要观点。

生命周期设计中的并行思想主要如下：

(1) 生命周期各种约束因素同时考虑。在产品设计阶段，考虑产品整个生命周期内的价值，这些价值不仅包括产品所需的功能，还包括产品的可生产性、可装配性、可测试性、可维修性、可运输性、可循环利用性和环境友好性等各种约束因素。

(2) 各种生命周期设计阶段工具的并行协作。阶段性工具在生命周期设计的大框架下协调运行，并行求解局部问题，实时对设计过程进行评价，对产品设计提出要求，提供辅助支持，及时发现不合理因素，改进设计。产生冲突后由上一级设计工具综合协调或设计人员直接干预解决。

(3) 协同工作小组。产品开发队伍由几个协同工作小组组成，协同小组人员既不是按部门划分，也不是按专业分工，而是各部门、各领域工作人员融合交叉，定期组织在一起对产品各方面的问题进行综合考虑。

(4) 并行不等于并重。产品生命周期设计包含许多不同的议题，如市场、设计、制造、装配、测试、运输、销售、使用、服务、重用、再制造、回收和处理。产品生命周期设计希望以并行的方式同时满足这些目标，但这些目标之间可能存在相互冲突，因此在决策时不得不采用折中方式，抓住主要矛盾，解决重点问题。

(5) 宏观上的并行，微观上的串行。因果关系支配设计和制造过程，产品的最终形态和它取得的性能，是设计和生产过程各项条件的必然结果。设计过程从实际生活的终点反求其起点，这个逆向过程构成了从果到因的逆向关系。由已知求得未知，由性能参数设计出零件具体尺寸等，这些都表现了设计过程的串行特征。这种设计过程微观上的串行特征是统一在并行工作的宏观模式下的，两者并不矛盾。

3. 集成观

分析和综合、分解和集成，是从不同的方面处理问题的一般方法。生命周期设计中集成的观点既来源于设计本身(将总体设计目标分解成各个子目标)的要求，也来源于生命周期设计发展现状(阶段性理论和工具相对独立发展)的要求。因此集成的观点是生命周期设计又一基本观点。

生命周期设计的集成观点如下：

(1) 设计目标集成。总体设计目标与局部阶段设计目标既紧密联系，又存在相互矛盾的地方，如总体目标最优的方案，其局部目标不一定是最优。生命周期设计以满足总体设计目标最优为主要方面,同时也注重局部设计目标的满足(如次优解)及相互协调。设计目标的集成是由整体最优化观点决定的。

(2) 工作小组的集成。一方面,LCED 是一项跨学科的复杂系统工程,需要集中多方面人才的知识和智慧才能解决;另一方面,产品的整个生命周期是以工作小组为核心,人工智能和专家系统的引入只能起到辅助作用。工作小组的集成用分散决策代替集中控制,用协商机制代替递阶控制机制,这是实现 LCED 产品创新性的主要因素。

9.4 系统科学方法

从根本上说,系统论主要是一种观念,一种看问题的立场和观点。它不是着重于说明事物本身是什么,而是强调应该如何认识和创造事物。因此,系统设计具有方法论意义,是一种设计哲学观。对于这点,应引起足够的注意,不能把系统论的设计思想和方法理解为设计的技术。

9.4.1 揭示信息联系的新方法:信息方法

1. 信息就是力量

人们只要生活在世界上,就每时每刻都在传播和接收、加工信息。信息方法是运用信息的观点,把系统看作信息的获取、传输、加工和处理而形成的一种有目的性的活动,从而达到对某个复杂系统运动过程的规律性认识的研究方法。唐代有"梦断美人沉信息,目空长路倚楼台"的诗句,这是"信息"一词在汉语中最早的记载。"烽火连三月,家书抵万金",书信传达的内容就是信息。信件就是一个简单的信息系统,其中写信人是信源,收信人是信宿,信纸和文字是信息的载体,信息载体通过的空间是信息通道。在这一过程中被传递的内容,就是信息。可以表示为

$$信源 \xrightarrow[\text{信息载体}]{\text{信息}} 信宿$$

信息是一种消除不确定性的信号。对信息的不自觉认识和利用,可以追溯到童年时代。"结绳记事"就是一种原始的信息存取系统;要知道远离京城漫漫数千里的边陲的敌方大军压境的情报而采用的"烽火台"也是一种信息输送系统。老子说:"知人者智,自知者明,胜人者有力,胜己者强。"这里的"知"就是信息,由此可见信息的重要性。

没有信息就无法实现对系统的管理,管理过程实际上是一种信息流过程。现代化大生产的整体性、复杂性、竞争性和多变性等特点,要求人们树立信息观念,克服目前不同程度存在的"信息饥饿症"。日本经济之所以出现奇迹,其中一条原因是善于打"信息仗"。下面是日本一些大公司获取信息的速度:

5~60 秒,可获得世界各地金融市场行情;

1~3 分钟,可查询日本与世界各地进出口贸易商品的品种、规格等资料;

3~5 分钟,可查询和调用国内一万个重点企业当年和历年经营生产情况的时间系列数据;

5~10 分钟,可查询和调用政府制定的各种法律、法令和国会记录;

5 分钟,可利用数量经济模型和计算模拟画出国际、国内经济因素变化可能给宏观经济带来影响的复动线和曲线。

日本商人获取各国先进技术情报速度之快是令人惊讶的。往往欧美等地还未进入市场的最新产品,制造技术就被日本人获知,快速投入生产,捷足先登,抢先占领市场。在获取经济信息方面,他们不是"只争朝夕",而是做到了"只争分秒"。为什么他们如此重视信息呢? 这是因为获得有价

值的经济信息就意味着人们关于经济对象、经济运动的认识的不确定度的减少、未知度的减少、疑义度的减少和混杂度的减少，从而做到"知己知彼，百战不殆"。

现在已经跨入了信息时代，作为现代创造者，必须以信息资源作为思维对象，逐渐形成信息思维方式，迎接信息革命的挑战。信息思维方式是指创造者接受信息、筛选信息、加工信息、运用信息进行科学研究的方式。

人们常说"谋事在人，成事在天"。由此看来，机遇对于成事有重要的关系。有人说"机遇"可遇不可求，其实此话不全对，对于掌握了信息创新法的人来说，机遇可遇也可求，因为机遇其实就是主客观条件和行为目标的吻合程度。在市场竞争过程中，如果在主观条件和行为目标已经确定的前提下，捕捉机遇的关键就在于了解客观条件的变化，并从客观环境的变化中寻找吻合点。了解客观环境的有效途径就是要广泛地收集信息。

市场人士要想捕捉到创新发展的机遇，除要认真广泛地收集各种信息外，还要对收集到的信息进行加工、整理、分析和预测，这样才能使收集的信息得到更充分地利用。当今世界上的各种竞争，重点是创新能力的竞争，要创新就要有信息，没有足够的信息，创新和发展机遇就会遇而不见，更无法在茫茫商海中"求"得了。

2. 信息的分拆与整合

信息学理论说明，每一种信息都可以分拆，变成一个个更小的信息元。例如，椅子可以分拆为材料、手工、成本、销售等；材料这个信息又可分拆为木或塑料，红或黑的颜色，直或弯的形状等。将一个大的信息分拆为若干个小的信息元，然后综合运用杂交和其他创新方法进行构思，就可以产生比分拆信息前多得多的创意。

人脑中的知识只不过是一种信息，信息是可以交合的。不同的信息与信息不同的交合就可以产生新联系，两条纵向联系的信息交合可以产生横向联系，数条横向联系与纵向联系信息的交合可以产生网络联系。思维的最大功效就是整合信息。

人们为什么能够将毫不相干的东西整合在一起呢？简单来说，这就是思维的作用：思就是思想，维就是联系，思维就是思想联系。这与人们思想的扩散与整合有关。思想的扩散以某一思想和信息为起点，多向辐射思维射线，向各种目标击去，形成所谓扩展联想。思想的整合恰恰采取与思想扩散和相反的形式，它以收集到的多种信息为起点，思维射线同时指向一个目标，形成思维的聚合点。

只要能够灵活地运用思维的扩散与集中对种种信息进行分析与整合，就会将表面上看起来风马牛不相及的东西牵扯在一起，有意识地构思出新的东西。人脑进行思维加工不能离开信息的输入，人们进行思维主要是依靠获取和加工大量的信息，依靠"思想材料""知识形态的材料"等进行再认识。信息与信息、事物与事物之间或多或少总会有关联，发现了这种关联，还要懂得将它与自己的目标结合起来，才能形成好的创新构思。此法称为关联信息的整合。

3. 分拆与整合信息的方法在产品设计中的运用

物物可以相组合、嫁接，也可以细分拆、再交合。若要开发新产品或者提高产品的价值，以占领新的市场，"物元分拆与重组"的原理会搭通思维之桥，铺就成功之路。具体方法如图9-6所示。

（1）分析产品由多少种功能组合而成。将产品的功能要素尽可能详细展开，有意识地思考该功能在其他条件、其他场合下可能的新用途，以此逐步推导该产品每一功能的各类用途。

（2）分拆产品的零部件，分析它由多少不同的材质组合而成，然后逐一进行分析。可拿到其他场合、产品上使用吗？可以同别的零部件和商品组合出新的东西吗？

（3）对分拆后的零部件的功能进行分析，看其实际价值有无充分发挥。是否物超其值，还是大

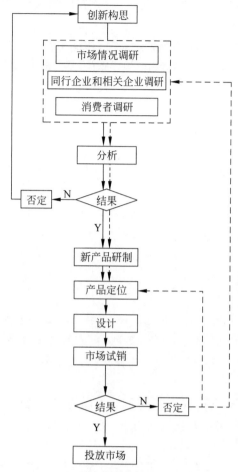

图 9-6　信息分析在创新设计中的应用

材小用？可用其他材料或部件代替吗？可以让它同时发挥多种作用吗？各部件具备新功能吗？

（4）根据同性能物元可以互代、互相交合的原则，选取新的材料或发挥原材料、原部件的新功能。

（5）对以上思考作清晰地表述，并将分析思考过程中形成的种种构思逐一列表，选出较易实施而又有价值的新点子予以开发。

以发电机为例说明。根据导线切割磁场可以产生电流的原理，把这一成果应用于生产，发明发电机后，有人对其功能要素进行分析，发现了风、水、煤、电能都可以带动发电机做功来发挥功能，于是各种能源的发电机应运而生。对发电机物元进行分拆，可以发现多种材料可以互相替代原有材料，于是出现了形形色色的发电机。对发电机的工作原理进行分析，运用反向思维，推导出电能可以转化成磁场，进而推动物体做功，于是有了电动机。然后把电动机的功能与其他商品交合，发明了电风扇、电冰箱、电动汽车、电动玩具、电动刮胡刀等。

将组成商品的物元分拆和组合，是对传统思维和习惯势力的一种冲击。因而创意人要坚决排除脑中"不可能"的想法，更要顶得住来自各方面"不可能"的无知嘲笑。无数发明、革新实例说明，新的发现、创造在设想和实验阶段，总被一些固有事物和习惯势力死死束缚脑筋的人刻意阻拦、横加指责。"走自己的路，别管旁人的闲话"，做到这点，创新的机会和设想才能得以实现。

9.4.2　"掌舵"的技术和方法：控制反馈方法

控制论是从信息与控制这个横断面，着重研究特定系统（人、动物和机器）及其行为、功能的科学。控制方法就是给系统"掌舵"、导向的一门艺术。反馈就是信息的反向输送（回输、回受）。有关反馈的思想和实践可以追溯到久远的年代。古希腊的驾船术、古代中国的"铜壶滴漏"，古代的指南针、自鸣钟和怀表都是反馈装置。简单的反馈控制如图9-7所示。

维纳指出："反馈是控制系统的一种方法，即将系统运动的以往结果再输送入系统中去"。换言之，反馈是用系统的结果调整系统未来运动的一种自控方法，即控制系统把

图 9-7　反馈控制

信息输送出去，又把其作用结果返送回来，对信息的再输出发生影响，起到控制作用，达到预期的目的。反馈实际上是一种双向通信。

就设计而言，系统的反馈是产品的再次设计的基础。设计是一个不断循环的过程，但不只是设计过程本身，设计与消费行为也是一个不断循环的过程。设计师将消费者需求的模糊意念实体化成产品后，经消费者实际使用的结果反馈，依靠市场调查、分析等各种研究方式，传递到设计师手中，再由设计师重新诠释并进行新一轮的设计实践。如此反复，在设计师与消费者之间形成了一种

设计活动的往复循环。

　　对设计师而言，来自消费者的信息相当重要，因为这关系到设计师能否真正掌握消费者的实际需求。现有的产品评估或调查研究通常是产品的再设计过程。

　　设计中的反馈实验与市场预测就是系统"控制——反馈"方法的具体运用。设计的新产品在投放市场前应进行小范围的反馈实验，以此作为检验最初定位是否正确的依据。如果情况不好，则应重新定位、重新设计。这也是一个市场预测的过程，企业经营成败的关键就在于市场预测。例如，某酒店的客房设计，一般会先有一个样板间让客户看，如果满意才可实施。

　　具体的市场预测步骤见图 9-8。

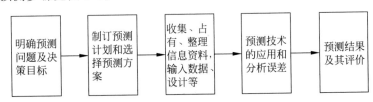

图 9-8　市场预测的基本步骤

第10章

走向多元的设计时代

近年来,伴随着人类社会的进步,设计学科也呈现出多元化及快速的发展趋势,新的设计理念和方法体系层出不穷。人性化、科技化、信息化、可持续化等已经形成设计思潮发展的主要方向。

1. 情感设计

情感设计的理念日益流行。情感是与价值上的判断相关的,而认知则与理解相关,二者紧密相连,不可分割。产品具有好的功能是重要的;产品让人易学会用也是重要的;但更重要的是,这个产品要能使人感到愉悦。愉悦让人喜欢这个东西,让人觉得高兴、有趣。

一般来说,情感设计存在三个层面,即感官层面、行为层面和反思层面。

在情感设计中,感官层面是指外观,它涉及的是感受知觉的作用,如味觉、嗅觉、触觉、听觉和视觉上的体验。这就是设计的美学因素如此重要的原因。这其实就是一件商品的外观式样与风格。

第二个层面是行为层面,指产品在功能上是否出色。这一点也很重要。设计一件东西,不仅让人会用而已,还要让人觉得它在自己的掌控之中。以木工工具为例,劣质的工具总是不听使唤,好的工具则能完全实现主人的意图。

第三个层面是反思层面。这与个人感受和想法有关,是人们对自我行为的思考,以及对他人看法的关注,"我入流吗? 我的做法合适吗?"这就是为什么年轻女孩喜欢在手机上挂饰物的原因。她们想传递这样一个信息——这就是我,这是我的手机。这一点很有趣,因为她们需要融入同龄女孩子的群体。

感官层面在全世界都是相同的,因为它是人性的一部分,在感官层面上对"好"的定义是一致的。行为层面上的东西是学来的,因此在全世界有类似的标准,但不同的人会学到不同的东西。反思层面上则有非常大的差异,它与文化密切相关。

所以,情感设计需要设计师准确把握人的心理和情感因素,设计出人们从内心喜爱的工业产品(图 10-1～图 10-3)。

图 10-1 核桃钳

2. 虚拟设计

虚拟设计(virtual design)属于多学科交叉技术,涉及众多的学科和专业技术知识,它随着科学技术的发展,特别是计算机辅助技术的发展,开始广泛应用于企业的生产与制造。由于虚拟设计技术在新产品开发过程中的应用,使产品设计实现更自然的人机交互,采用并行设计工作模式,系统考虑各种因素,使相关人员之间相互理解和支持,把握了新产品开发周期的全过程,提高了产品设计的一次性成功率,从而缩短了产品开发周期,降低了生产成本,提高了产品质量,给企业带来了更多的商机(图10-4)。

图 10-2　放置牙刷等的用具

图 10-3　独特的钟表

虚拟设计技术为新产品开发提供了数字设计平台,使新产品开发的周期减少、费用降低,提高了新开发的产品质量。进入信息时代,计算机作为有强大的运算能力和信息处理功能的设计工具,介入了工业设计的整个设计过程,并且影响了设计方法、手段和流程。

在生产方式上,信息技术的迅猛发展使计算机辅助设计与计算机辅助制造等技术不断进步,传统的生产方式得到改造。随着计算机软硬件技术的发展,先进制造技术不断涌现,计算机辅助设计、计算机辅助工程分析、计算机辅助制造、柔性制造、计算机辅助工艺设计、产品数据管理、计算机集成制造相继出现。20世纪90年代以来产生了一种新的制造概念和理论——虚拟制造(virtual manufacturin,VM),其全新的制造体系和模式已成为现代制造技术与系统发展的必然趋势。虚拟制造技术是许

图 10-4　激光束虚拟键盘

多先进学科领域知识的综合集成与应用,它以数字化建模技术、计算机仿真技术、分析优化技术为基础,在产品设计阶段或产品制造之前,实时、并行地模拟产品的未来制造全过程及其对产品设计的影响,预测产品的性能、成本和生产可行性,以达到产品的开发周期和成本的最优化、生产效率的最高化的目的。

虚拟制造系统基本上不消耗资源和能量。与实际相比,无须制造实物样机就可以预测产品性能,在产品开发过程中可及早发现问题,及时反馈和更正,能根据用户需求或市场变化快速改型设计和批量生产,不同地点、不同专业的开发人员能够在同一个产品模型上协同完成同一个虚拟制造过程。产品在计算机辅助下进行设计,在计算机辅助下完成自动化制造,创意、设计及制造成品的时间被大大地缩短了。设计和生产不再受到批量化的限制,成本也在不断降低。这从根本上改变了工业化时代里由于批量化所限制而产生的千篇一律的设计风格,从而满足了人们对个性的追求。

3. 感性设计

随着经济的发展、科技的进步、信息时代的来临,人们的消费需求已从量的消费经过质的消费转变为今天"感性的消费",正如平岛廉久所说,这是一个高喊"物质时代结束,感性时代来临"口号的时代。我们面对的是一个可以充分利用身体感官进行创意设计的时代,如果过去的产品设计创意是以视觉要素的整合为中心,那么今后的发展方向就是必须重视来自触觉感、重量感、温度感及嗅觉感等物理感官与生产商品产生的相互作用,尤其是使用过程中基于整体感官产生的感性部分(图 10-5～图 10-8)。

图 10-5　有趣的茶包设计(1)

图 10-6　有趣的茶包设计(2)

图 10-7　字母形态组合成的椅子(1)

图 10-8　字母形态组合成的椅子(2)

感性是指相应于外界刺激产生感觉、知觉的感受性。感性可诠释为:人对物品所持的感觉或意象,是对物品的一种心理上的期待和感受,主要存在于外界刺激传送至感觉器官后所产生的感觉、知觉、认知、情感、感动、表现等一连串人与产品相互作用的流程中……感性在汉语中一般指外界事物作用于人的感觉器官而产生的感觉、知觉和表象等直观形成的认识。它包括感觉(从外界接受信息(刺激)的能力)、敏感性(对刺激力度的觉察做出反应的时间和准确回馈的频率)、情感(精神所处的状态,如高兴、悲伤或愤怒)等内容。它始终围绕人的各种感觉和心理,从而使产品设计从单纯的物的意义上升为物与人的能动关联的范围。当设计使产品在外观、肌理、触觉等方面给人的感觉是一种"美"的体验或具有"人情味"时,称为感性设计。可以说,今后的设计创意思想,应该是以努力追求使用者与商品之间更和谐、更密切的感性关系作为发展方向。它为人们重新认识设计、从事设计提供了新的视角和态度,对促进现代艺术设计的发展有深远的意义。

感性设计最初是为了迎合逐渐产生的感性消费,基于商业考虑被动地进行相关设计;后来,随着理论研究的不断深入,发展到有计划、有意识地用感性设计开拓市场。通过长期的摸索,凭借较高的设计水平,日本与西方依靠各自的文化特征分别建立了自成体系的感性设计方法。目前比较完善、影响比较大的有欧美的"情感化"设计、日本的感性工学、韩国的趣味设计等。

日本的感性工学(kansei engineering)起源于1986年日本马自达株式会社的山本建一社长在美国自动车产业经营国际研讨会上的一次演讲。在该次演讲中,山本建一先生第一次提出"kansei engineering"的概念,即感性工学,并引起汽车界的普遍重视。以此为契机,日本学界和研究机构也逐渐开始了对感性工学的关注和研究。感性工学最直接的解释是"将消费者的感性转译为产品设计要素的技术",其目的就是为设计师和生产商提供一种掌握消费者情感和精神需求、并将这种需求转译为产品设计要素以提高竞争优势的方法。在日本设计界,学者们将消费者对产品的心理感受、意象及心理预期称为感性,当消费者想购买某种产品时,必然对该产品有一个意象或预期,如实用的、美观的、高档的、精致的等,感性工学技术即要求将这种意象和感受翻译为设计要素,并在新产品的开发上加以运用。

具体来说,感性工学即"以工学的手法,设法将人的感性定量化(包括生理上的感觉量和心理上的感受量),寻找出这个感性量与工学中所使用的各种物理量之间的关系,再运用于工程或设计开发"。比如说,为了设计一款"具有速度感的汽车"(感性),我们首先针对汽车找到各种不同的设计构成要素,如车长、车宽、车高、引擎盖斜度、挡风玻璃斜度等,这些构成要素称为形态要素(formative elements)或设计要素(design elements)。感性工学研究不同的设计要素对用户产生的情感冲击,以选择最佳的设计要素组合使消费者的满意度最大化,直到能够得出"为了得到该感性,应该对各形态要素如何处理",例如:要得到速度的感觉,车的高度、引擎盖斜度、腰际线,以及轮胎钢圈等应该如何处理。

如果说理性设计实现了产品的使用价值,让人们尊重它的功用的话,那么感性设计便增加了产品的情感价值,让人们感动于它的贴心和关怀。感性的元素可以上升到理性的高度,而理性元素又必须以感性的形象表现出来。因此在产品设计中必须将二者有机结合,互相协调,科学、准确地表达产品的情感因素,同时形象、生动地体现产品的严谨求实,只有在理性的制约下,感性思维才能有效地作用于产品设计。

4. 可用性设计

1) 以用户为中心的设计思想

在产品设计领域,以用户为中心的设计(user centered design,UCD)是一个出现较晚的概念。工业革命以来,机器工具的制造者往往不是操作者,他们以提高生产效率、把机器作为工具为目的,以机器功能作为设计中所考虑的核心问题,功能主义及功能论的设计方法首先设计产品的功能,然后根据剩下的条件补充一个外部的操作部分。这样的设计造成了形式追随功能、操作界面追随功能,迫使操作者必须遵循机器的行为方式、速度、强度,人成为机器的一个附件。这种"以机器为中心"的设计理念,导致了长期的劳资矛盾、产品安全事故、操作失误等问题。西方国家"以机器为中心"的设计思想由来已久,文艺复兴以后,机械论就成为一种普遍的价值观和造物思想体系,它认为人也是一种机器。这种观念在设计中表现为两种特征:①把人看做机器的一部分,用机器的特征与方式来模拟人的行为。②把人的思维与认知方式等同于机器或计算机的推理方式,忽略了产品设计应该符合人的生理和心理特性。

机器的操作不便促使人们在20世纪80年代中期提出了"以用户为中心的设计"及"对用户友好"的设计理念,并且以认知科学为基础,改进产品设计。它表现出三个方面的主要特征:

首先,设计时把可用性作为主要依据,使产品人机界面适应人的生理与心理特性,结合了认知心理学、人机工效学及符号学等领域的知识。在工业革命以前,自给自足的经济模式是人们的生活状态,生产效率低下,人们使用工具只考虑其适合人的基本操作,满足的只是基本的物质和生理需求。而根据马斯洛的需求层次论的观点,人类会不断追求从生理到心理,即由低到高的需求的满足。1857年,波兰人Jastrzebowski首先使用了ergonomics(人机学)这个词,并提出人类在获得最丰厚的回报同时付出的劳动要求最小。20世纪20年代年以后,德国成立了专门的研究机构,开始从人的生理尺度来研究人机关系。而20世纪50年代后,人机学才在英、美等国成为一门学科,也称为人机工程学或人机工效学。20世纪80年代计算机普及以来,由于计算机产品不同于传统的工具,其硬件和软件的结合,人机交互方式的革新,使人们开始研究用户操作计算机时的认知与思维特性,记忆、储存及行动特性,其主要目的是减轻计算机操作用户的思维负担,减少学习操作的时间,降低出错率等。

其次,随着人们对人机交互的关注及对操作者满意度要求的提高,人机界面设计逐渐成为相对独立的专业领域。20世纪50年代,西方的设计师为了使机器适合人的生理特性,提高效率,发展了人机学,后来又逐渐发现了人机交互中许多人与机器不相适合的问题,表现在用户认知、思维动作习惯与机器的特性相悖,于是研究者提出了"人机界面"(man-machine interface)概念。随着计算机的出现及认知科学的发展,人们发现用户和产品之间的协调的问题越发突出,操作者的学习和使用难度越来越高,为了体现"以用户为中心"的设计思想,人机界面设计逐渐成为独立的研究领域。

再次,对于人机界面的评价主要以用户操作的心理期待作为标准。用实验心理学的方法进行用户访谈,了解用户操作及思维特性,用户操作期待成为人机界面设计的通用标准。对于具体的产品硬件与软件,建立具体的评价体系与实验方法,总的来讲,提出了把可用性作为评价的重要依据。ISO 9241—11国际标准对可用性作了如下定义:产品在特定使用环境下为特定用户用于特定用途时所具有的有效性(effectiveness)、效率(efficiency)和用户主观满意度(satisfaction)。简单地讲,可用性指的是产品对于用户来说,其有效、高效、易学、易记忆、出错少及令人满意的程度,用户能否通过产品实现功能、完成任务,绩效如何,使用感受怎样,即用户操作的心理期待,这也是"以用户为中心"设计的核心。

以用户为中心的设计思想中,用户是设计成功与否的最终评价者。产品只有得到用户的认可,才能体现出设计价值,吸引消费者购买。在产品设计过程中,设计开发人员需要在研发的不同阶段有效地进行深入、细致、准确的用户调查和研究,避免以设计师自己的观点代替用户的观点,时刻考虑用户的需求和期望,真正做到以用户为中心。

2) 可用性设计理论

20世纪80年代中期,西方研究者提出的"对用户友好"是一个比较含糊的概念。后来的研究发现,好的设计与定位于哪些用户、要完成什么任务以及用户与任务之间的关系都是紧密相关的,有效的界面能让用户产生成功感、主人感、胜任感、清晰感等积极的感觉,用户不应受制于计算机,而应能预知每步操作的结果。如果界面设计得足够成功,那么用户界面就好像消失了一样,从而使用户专注于工作、探索或者娱乐。要让用户毫不费力地完成任务并感觉顺畅,就需要设计者做出大量艰苦的工作。

为了超越"对用户友好"这一含糊的设计要求,设计人员需要制定详细而精确的目标,它包括明确的系统工程学目标和具有可测性的人因工程学对象。美国人因工程学设计准则的军方标准(1999)提出了如下目标:

(1) 满足操作、控制和维护人员对性能的要求。

(2) 将对操作人员的技能要求、知识要求和训练时间要求都降到最低。

（3）达到人与产品结合所要求的可靠性。

（4）在系统中和系统间逐步建立一种设计标准。

这些目标是提高人机界面设计水平的基本要求。而对于具体的人机问题，确定用户使用群体、明确人机任务系统，这两点是建立可用性目标和度量的基础。具备了精确且可测量的目标，才便于给设计者、评价者、购买者等人员提供参考。ISO 9241标准集中讨论了可用性的目标（有效性、效率和满意度），其具体表现为如下几个方面：

（1）可学习性（learnability）：系统的使用应该是高效的，一个用户群中的典型成员能够在短时间内开始使用系统操作来完成一系列任务。

（2）效率（efficiency）：系统完成基准任务应具有的短时间，用户掌握系统操作方法后所产生的高效率。

（3）出错率（errors）：用户在完成任务时会犯错误的数量和类别。出错后可以迅速恢复和调整，进行有效的错误处理。

（4）可记忆性（memorability）：系统操作知识应当容易记忆，非频繁使用用户如果一段时间不使用，也能保证再次使用时容易使用。记忆保持与学习时间及经常使用都有关系。

（5）主观满意度（satisfaction）：用户在使用系统时的是否愉悦，对各方面是否主观上感到满意。

简单通俗地讲，可用性指的是产品对于用户易学、高效、低出错、易记忆、使用愉快的满意程度。即从用户的角度考虑，能否通过产品完成任务，效率如何，是否好用等，是以用户为中心的设计思想，是设计以人为本的理念，是产品竞争力的核心。

在现有研究发展中，保证产品系统可用性的研究的主要思路和技术包括很多，如表10-1所列。

表 10-1　HewlettPackard 的产品开发周期中的可用性分析研究

目　标	人 因 研 究	方　法
用户需求分析	确定用户对产品的认知与学习、操作任务、使用环境等	• 分析用户对产品的期望 • 确定用户目标人群 • 分析用户的操作任务 • 分析用户使用产品的环境（物理与心理） • 分析现存产品的可用性	• 用户定位，用户习惯及市场特征分析 • 分析此类用户和任务研究的相关方法和技术，设计开发过程 • 分析同类产品的特征，可用性特征
需求定义与描述	定义为了使产品满足用户需求所需具备的功能，确定产品系统可用性的目标	• 分析用户的真实需求，市场的竞争需求 • 决定本产品可用性的具体指标、评价及度量标准	• 针对用户需求进行市场调研与用户研究 • 研发人员协同工作，确定产品的可用性要求
提出设计概念	进行产品设计，实现产品功能并符合可用性的需求	• 面向用户视角建立产品概念模型 • 确定系统的功能结构 • 确定产品的界面需求 • 测试产品概念模型	• 以可用性的设计思想为指导，研发人员确立设计概念模型 • 研发人员以人机交互为基础，确立产品人机界面
研发与测试	针对用户任务和产品可用性进行测试	• 结合新手用户与有经验用户，理性操作与情绪操作状态的不同特征进行可用性测试	• 采用用户模型的实验方法进行评估 • 采用计算机虚拟技术进行测试评估 • 注重产品可学习性、可操作性等因素的测试

UCD 设计和可用性设计理念已对现今设计行业产生了重大的影响,在产品设计、人机交互设计、信息设计等领域成为重要的设计思想。为用户而设计的指导思想使我们得到的设计和体验越来越人性化,更加符合人类的生理及心理需求,人和产品之间的关系更加协调。图 10-9、图 10-10 是未来的汽车驾驶舱,它将提供更有效的操作性、安全性、舒适性。图 10-11、图 10-12 是美国 DEKA 研发公司(DEKA Research and Development Corp.)团队发明设计的赛格威两轮电动车,是一种电力驱动、具有自我平衡能力的个人用运输载具,是都市用交通工具的一种,它具有创造性的操控方式十分符合人的特点,非常易于学习和操作。

图 10-9　未来汽车驾驶舱(1)

图 10-10　未来汽车驾驶舱(2)

图 10-11　赛格威电动车(1)

图 10-12　赛格威电动车(2)

5. 交互设计

交互设计(interaction design)作为一门关注交互体验的新学科在 20 世纪 80 年代产生,首先由 IDEO 的一位创始人比尔·莫格里奇在 1984 年的一次设计会议上提出。他一开始称之为"软面(soft face)",由于这个名字容易让人想起当时流行的玩具"椰菜娃娃(cabbage patch doll)",后来将其更名为"interaction design"。

从用户角度来说,交互设计是一种如何让产品易用、有效而让人愉悦的技术,它致力于了解目标用户和他们的期望,了解用户在同产品交互时彼此的行为,了解"人"本身的心理和行为特点。同时,还包括了解各种有效的交互方式,并对它们进行增强和扩充。交互设计涉及多个学科,必须和多领域、多背景人员进行沟通。通过对产品的界面和行为进行交互设计,让产品和它的使用者之间建立一种有机的关系,从而可以有效达到使用者的目标,这就是交互设计的目的。简单地说,交互设计是人工制品、环境和系统的行为,以及传达这种行为的外形元素的设计与定义。不像传统的设计学科主要关注形式,而是关注内容和内涵,交互设计首先旨在规划和描述事物的行为方式,然后描述传达这种行为的最有效形式。交互设计借鉴了传统设计、可用性及工程学科的理论和技术。它是一个具有独特方法和实践的综合体,而不只是部分的叠加。它也是一门工程学科,具有不同于其他科学和工程学科的方法。

交互设计特别关注以下内容:

(1) 定义与产品的行为和使用密切相关的产品形式。

(2) 预测产品的使用如何影响产品与用户的关系,以及用户对产品的理解。

(3) 探索产品、人和物质、文化、历史之间的对话。

交互设计从"目标导向"的角度进行产品设计:

(1) 要形成对人们希望的产品使用方式,以及人们为什么想用这种产品等问题的见解。

(2) 尊重用户及其目标。

(3) 对于产品特征与使用属性,要有一个完全的形态,不能太简单。

(4) 展望未来,要看到产品可能的样子,它们并不必然就像当前这样。

在使用网站、软件、消费产品、各种服务的时候(实际上是在同它们交互),使用过程中的感觉就是一种交互体验。随着网络和新技术的发展,各种新产品和交互方式越来越多,人们也越来越重视对交互的体验(图10-13,图10-14)。当大型计算机刚刚研制出来的时候,可能因为当初的使用者本身就是该行业的专家,没有人去关注使用者的感觉;相反,一切都围绕机器的需要来组织,程序员通过打孔卡片来输入机器语言,输出结果也是机器语言,那个时候同计算机交互的重心是机器本身。随着计算机越来越普及,用户越来越大众化,对交互体验的关注也越来越迫切了。

图 10-13　手机界面设计

图 10-14　产品交互设计

交互的三个要素是机器/系统、人、界面。交互设计的原则是:

(1) 可视性。功能可视性越好,越方便用户发现和了解使用方法。

(2) 反馈。反馈与活动相关的信息,以便用户能够继续下一步操作。

(3) 限制。在特定时刻显示用户操作,以防误操作。

(4) 映射。准确表达控制及其效果之间的关系。

(5) 一致性。保证同一系统的同一功能的表现及操作一致。

(6) 启发性。充分准确的操作提示。

6. 绿色设计

合理有效地利用资源,减少废弃物对环境的压力,是新世纪设计的一个新动向。因此,绿色设计应运而生,它的核心是3R,即reduce、recycle、reuse,不仅要尽量减少物质和能源的消耗、有害物质的排放,而且要使产品及零部件能够合理地分类回收,并再生循环或重新利用。

绿色设计理念将导致设计方式、选材用料方式、生产工艺方式和生活消费方式的完全革命。因此,由政府向全社会推广建立绿色设计的道德观显得尤为必要。可以从企业、消费者、设计师三个方面来探讨这个问题,就企业职责而言,它包含五个方面:

(1)注重新产品的环保设计,当开发产品的成本利益与环保发生冲突时,应坚持以绿色设计的原则为取舍标准。

(2)不以企业的眼前和暂时的功利限制或强求设计师在某项具体设计中脱离绿色设计的原则,积极遵从政府的环保法令。

(3)提高环保意识,健全和完善企业内、外的回收网络系统。

(4)在推广策划中,注重宣传、发动、启导消费者参与回收及废弃分类工作。

(5)尽最大努力回收废弃后的产品,使废品在企业的新一代产品中得到再生利用。

对于消费者来说,最重要的是增强绿色意识,如尽量选购绿色产品,这是对绿色生产企业及绿色设计的认同与支持。对不符合绿色环保的产品,如不能回收、不易回收的产品不予选购、使用等。

同样,对于设计师来说,需要放弃那种过分强调产品在外观上标新立异的做法,而将重点放在真正意义上的创新上面,以一种更为负责的方法去创造产品的形态,用更简洁、长久的造型使产品尽可能地延长使用寿命(图10-15~图10-18)。

图 10-15　纸和木材做成的台灯

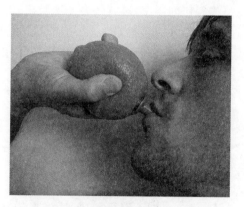

图 10-16　简便地喝橙汁的工具

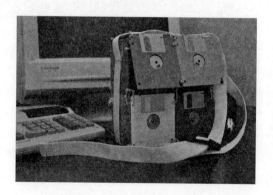

图 10-17　废旧软盘制成的包

图 10-18　宜家纸板数码相机

7. 可持续设计

可持续设计建立在可持续发展的观念上。可持续发展包括四个属性,即自然属性、社会属性、经济属性和科技属性。就自然属性而言,它是寻求一种最佳的生态系统以支持生态的完整性和人类愿望的实现,使人类的生存环境得以持续;就社会属性而言,它是在不超过维持生态系统涵容能力的情况下,改善人类的生活质量或品质;就经济属性而言,它是在保持自然资源的质量和其所提供服务的前提下,使经济发展的净利益增加到最大限度;就科技属性而言,它是转向更清洁、更有效的技术,尽可能减少能源和其他自然资源的消耗,建立极少产生废料和污染物的工艺和技术的系统。

为了将可持续发展的理念转化成一种具体化可操作的设计策略,可以从主要的几个方面入手:

(1)重视对设计地段的地方性、地域性的理解,延续地方场所的文化脉络。

(2)增强适用技术的公众意识,结合建筑功能要求,采用简单合适的技术。

(3)树立建筑材料蕴藏能量和循环使用的意识,在最大范围内使用可再生的地方性建筑材料,避免使用高能量、破坏环境、产生废物以及带有放射性的建筑材料、构件。

(4)针对当地的气候条件,采用被动式能源策略,尽量应用可再生能源。

(5)完善建筑空间使用。

可持续设计意味着在现代观念的基础上实现一种价值转换,它更关心那种对自然环境承担责任的生态价值观,关心所有生命的神圣性和后代人的福利(图10-19)。

图 10-19　灯具

参 考 文 献

[1] 陈兵.人类创造性思维的秘密——创造哲学概论[M].武汉:武汉大学出版社,1999.
[2] 辛华泉.造型基础[M].西安:陕西人民出版社,1995.
[3] 戚昌滋,侯传绪.创造性方法学[M].北京:中国建筑工业出版社,1987.
[4] 陈依元.走向系统·控制·信息时代[M].北京:人民出版社,1988.
[5] 范军,李胜,杨燎.创新技法188——实例与剖析[M].广州:广东经济出版社,2000.
[6] 姜今,姜慧慧.设计艺术[M].长沙:湖南美术出版社,1987.
[7] 李华.美术创作规律[M].长沙:湖南美术出版社,1983.
[8] 凌继尧,徐恒醇.艺术设计学[M].上海:上海人民出版社,2000.
[9] 钱学敏.思维科学的研究对象与体系结构[M].武汉:华中理工大学出版社,1998.
[10] 李砚祖.工艺美术概论[M].北京:中国轻工业出版社,1999.
[11] 裴继刚.创造性思维与工业设计方法[J].装饰,2001(1).
[12] 段炼.世纪末的艺术反思——西方后现代主义与中国当代美术的文化比较[M].上海:上海文艺出版
      社,1998.
[13] 王守昌.新思潮——西方非理性主义评述[M].北京:东方出版社,1998.
[14] 何人可.工业设计史[M].北京:北京理工大学出版社,1991.
[15] 周树清.新产品开发与案例[M].北京:中国国际广播出版社,2000.
[16] 章国利.现代设计美学[M].郑州:河南美术出版社,1999.
[17] 刘永德.建筑空间的形态·结构·涵义·组合[M].天津:天津科学技术出版社,1998.
[18] 钱学森.思维科学[J].现代化,1987(5).
[19] 彭吉象.艺术学概论[M].北京:北京大学出版社,1994.
[20] 庄寿强,戎志毅.普通创造学[M].北京:中国矿业大学出版社,1997.
[21] 李天命,戊子由,梁沛.李天命的思考艺术[M].北京:生活·读书·新知三联书店,1996.
[22] 丘紫华.思辨的美与自由的艺术——黑格尔美学思想引论[M].武汉:华中师范大学出版社,1997.
[23] [美]普斯.经历艺术[M].朱畅,译.北京:知识出版社,2000.
[24] [英]安德森.认知心理学[M].杨清,等,译.长春:吉林教育出版社,1989.
[25] [法]布留尔.原始思维[M].丁由,译.北京:商务印书馆,1987.